隨著網路漸漸普及，想知道的資訊也更容易找到了，但是即使如此，很多領域給人「還是有點難找啊！」的印象，仍然難以消除。

找尋物品時，腦海中浮現的常常不是名稱，而是只有一個印象，不過，如果不知道名稱，在現今的網路上很難找尋。能不能只靠印象來找尋呢？以這個想法為出發點，我開設的就是時尚搜尋網站「莫達莉娜」。

然後，開設這個網站後，我馬上就撞上了專業術語這道牆。專業術語一個詞就可以表現出服裝的種類和特徵，只要知道專業術語，馬上就能找到和印象中相似的商品，但是反過來，靠印象找到商品非常困難，也沒有簡單的方法。

於是我開始著手製作這本服裝服飾部位全圖鑑。我知道使用照片說明看起來會更漂亮，也可以省去繪製的精力和時間，但是照片所含的資訊太多，特徵就會變得不夠清楚，所以我決定即使辛苦也要繪製插圖。我幾乎沒有任何電腦繪圖的知識，每次只要發現了服裝的特徵就會畫下來，持續勤勞地繪製，插圖的數量也增加了，不知不覺就超過了1000個。

在製作成書的階段，請杉野服飾大學的福地宏子老師和數井靖子老師幫忙監修，補充了專業的知識和正確性，真的非常感謝。

雖然我的插畫技巧不算太好，解說也有不夠完整的地方，不過還是希望能對閱讀的人多少帶來助益。

溝口康彥

想要繪圖！

不了解服裝，

描繪出的角色

總是穿著

同樣的衣服⋯⋯

讓你擺脫這個煩惱

想要購買！

只要了解服飾用語，

就不再只有

粗略的印象，

而是能確實找到

想要的衣服

想要搭配！

搭配什麼樣的

衣服比較適合呢？

遇到這個問題時的

穿搭參考

其他還有！

這種使用方法、

那種使用方法⋯⋯

請務必找出

能派上用場且

讓人想像不到的

使用方法

女性
帽子：嘉寶帽（p.114）
外套：風衣外套（p.88）
包包：醫生包（p.129）
鞋子：低跟鞋（p.107）

男性
外套：粗布外套（p.80）和
　　　棒球外套（p.84）的
　　　混合款
上衣：品牌經典格紋（p.149）
鞋子：觀者鞋（p.104）

插圖繪製：チヤキ

左

墨鏡：洛伊德眼鏡（p.135）

外套：騎士外套（p.83）

泳裝：背心式比基尼（p.93）

手套：短手套（p.98）

右

髮飾：彈簧髮夾（p.122）

泳裝：背部交叉肩帶（p.95）

褲子：畫家褲（p.59）

小配件：幸運手環（p.134）

包包：水桶包（p.127）

※時尚搭配有多種變化。

描繪插圖時請自由加上變化，享受搭配的樂趣。

插圖繪製：チヤキ

Contents

領口 (neckline)

圓領
round neck

一般剪裁成圓弧形領口（圓領）的總稱，指沿著頸部根部剪裁的領口樣式。水手圓領（p.11）、U領（p.9）也是圓領的其中一種，多半會以領口開的大小來做區別。

亨利領
henley neck

加上鈕扣和門襟，前襟可以打開的圓領樣式。因為加上了縱長線條，能讓臉部和頸部看起來更細長。

高領
high neck

是領子不反折，貼著頸部立起的領口樣式的總稱。high neck為日本獨有的名稱，英文名稱為raised neckline或是built-up neckline。

貼頸高領
bottle neck

領子部分像是瓶口一樣緊貼著頸部立起，不反折的樣式。是高領的其中一種。

立領
off neck

不貼著頸部而是分離立起的領口樣式總稱。

反折立領
turtle neck

立領反折的樣式，日文稱為德利領。在毛衣等服裝上很常見，穿著時多半往外翻折成兩折。容易讓臉看起來變大。

翻領
off-turtle neck

領口較寬鬆，領口寬鬆到會從頸部往下垂的反折立領樣式。領口部分較有份量感，因此也有讓臉部看起來相對變小的效果。還有，領口寬鬆的線條也能表現出柔和的感覺，名稱的off是「分離」的意思，指的是不緊貼頸部的反折立領樣式。

U 領
U neck

指 U 字形、開得較深的領口樣式，比圓領（p.8）開得更深。比起圓領，U 領露出了更多頸部，不只單強調臉部，因此具有小臉效果，領口開得較深的 U 領，也有讓頸部看起來更長的效果。雖然容易取得比例平衡，但是領口太開的 U 領，看起來會變得低俗、邋遢，還有素色的 U 領衣服看起來容易像是內衣，因此要特別注意。

大 U 領（寶石領）
jewel neck

標準的圓領樣式，名稱是因為領口樣式能襯托項鍊和墜飾等飾品。

橢圓領
oval neck

蛋型圓弧、開得較深的領口樣式，下方比 U 領開得更寬更深。

船型領
boat neck

像船（boat）底一樣較為橫長，淺而寬的領口樣式。和緩的領口曲線能讓鎖骨部分看起來更漂亮。適合所有體型，比起低胸領（p.12），肌膚露出的面積較少，因此給人高貴的感覺以外，同時也有可愛感，很容易搭配其他衣服。洋裝等也很常使用，這種領口樣式以海洋風的條紋 T恤巴斯克衫（p.46）而為人所知。

寬船型領
bateau neck

常用於婚紗，本來和船型領是同樣的意思，現在指的是開至兩肩骨頭的和緩圓弧領口樣式。「bateau」在法文中是船的意思。

湯匙領
scooped neck

像是用鏟子挖開的領口樣式。

方領
square neck

剪裁成四角形的領口樣式總稱，不管領口開得大或小都稱為方領。橫長型方領也稱為**長方領**（rectangular neck）。方領露出的肌膚面積不過多，能讓鎖骨和上胸部看起來清爽，讓圓臉產生有稜角的印象。

T字領
T neck

接近水平的領口，加上前襟變成T字型的領口樣式。類似的樣式還有一字領(p.12)。

V領
V neck

是V字形領口樣式的總稱，也指V領的衣服。領口比圓領更開闊，因此具有能讓頸部看起來很清爽、臉部看起來更小的效果。適合圓臉的人穿著。

多層次領
layered neck

看起來像是穿了多件衣服的領口樣式，表現出多層次穿搭時的模樣。有的會設計成雖只穿一件，看起來卻像是反折立領上面再穿了V領衣服的樣子。

深V領
plunging neck

領口比V領開得更深，是晚禮服會使用的領口樣式，能強調性感的感覺。plung有「投入、跳入」之意，又名**深開領**（diving neck）。

前開領
open front neck

頸部前面有開衩，因此穿脫容易，也稱為**開衩領**（slit neck）。

五角領
pentagon neck

五角形的領口樣式。

梯形領
trapeze neck

呈現梯形的領口樣式，trapeze是法文中梯形的意思。

花瓣領
scalloped neck

形狀像是扇貝貝殼的邊緣，剪裁成波浪狀的領口樣式。scallop是扇貝或是其貝殼的意思。

深桃心領
sweetheart neck

兩側做出尖角切口的心形領口樣式。

桃心領
heartshaped neck

兩側線條圓滑的心形領口樣式。

鑰匙領
keyhole neck

形狀像是鑰匙孔的領口樣式，是圓弧形的領口加上圓形或是三角形的切口。

鑽石領
diamond neck

開口形狀像是鑽石的領口樣式。

芭蕾領
ballerina neck

領口開得較寬，幾乎可看見整個鎖骨的樣式，常運用在芭蕾舞者的服裝設計上。

水手圓領
crew neck

名稱來自於水手等職業的人穿的毛衣，緊貼著頸部根部的圓領領口樣式，在剪裁上衣、針織上衣等服裝上很常見。雖然容易搭配，但是領口較小，容易變得只強調臉部，因此不適合想要穿出小臉效果的時候穿。能減低下巴和顴骨尖銳的感覺，帶給人溫柔的印象，因此適合臉部較有稜角的人。

繞頸領
halter neck

布條和繩線從頸部垂掛下來，露出肩膀和背部的設計。常見於泳裝和晚禮服等服裝設計上。halter指的是馬或牛的韁繩，也寫作**haulter neck**。

交叉繞頸領
cross halter neck

交叉的布條和繩線從頸部垂掛下來，露出肩膀和背部的設計。常見於泳裝和晚禮服等服裝設計上。設計上開口多會開得較深，開至胸部乳溝。也稱為**交叉肩帶領**（**cross strap neck**）。

低胸
décolleté

領口開得較寬，露出頸部和上胸部的領口樣式，或是指頸部到上胸部的部位。另外，也稱為低胸領。沒有領子、使用這個領口樣式、長裙襬的洋裝稱為低胸晚禮服（robe décolletée）（p.71），是女性最正式的禮服。上胸部是能夠優雅表現肌膚之美的代表性部位，也是很容易顯現年齡的部位。décolleté是法文，由意思是「從～分離」的de和意思是頸部的collet組合而成。

露肩一字領
off-shoulder neck

開得很寬，寬到露出兩邊肩膀的領口樣式。在婚紗禮服、晚禮服和針織上衣等服裝上很常見。因為露出了整個肩膀，容易給人纖細柔弱的印象，所以適合肩膀寬、身型壯碩的人。還有，比起臉部，露出了更大面積的頸部和肩膀肌膚，因此也適合臉較長的人。露出了包含鎖骨的上胸部，能強調出漂亮、優雅而有女人味的肩頸部。有時也簡稱為**露肩領**。

一字領
slashed neck

幾乎是水平直線的領口樣式。多半是在肩膀位置加入橫向的切口，剪裁成直線形。

莎賓娜領
sabrina neck

在頸部根部剪裁成直線的領口樣式。據説是因為電影《龍鳳配》（原名：《Sabrina》）的主角演員奧黛麗・赫本常穿著這個領口樣式的衣服，而取作這個名稱。領口的形狀和一字領很類似。

打褶領
tucked neck

抓取布料折起固定的活褶，排列而成的領口樣式，或是泛指這樣的設計。這種樣式不但線條會變得立體，還多了活動性和裝飾性。也稱為**壓褶領、活褶領**。

單肩領
one shoulder

從一邊肩膀延伸至另一邊腋下，左右不對稱的領口樣式。同樣不對稱的領口樣式還有右側介紹的斜肩領。

斜肩領
oblique neck

領口形狀左右不對稱的樣式，oblique是傾斜的意思，別名為**單肩領**（**one shoulder**）。

不對稱領
asymmetric neck

領口設計左右不對稱的樣式。

水滴領
teardrop placket

具有淚滴（teardrop）形狀開口（placket）的領口樣式。開口是為了穿脫容易而加上去的，也具有裝飾用意。

交叉綁帶領
lace-up front

指前襟用繩線交叉綁緊固定的領口設計。

縮口綁帶領
drawstring neck

領口可以用繩線縮小的樣式。拉緊繩線而製造出皺褶和份量感的手法稱為drawstring，draw是拉的意思，string是繩線的意思。

皺褶領
gatherd neck

將布料縮縫製作出皺褶的領口樣式，名稱中的gather是聚集的意思。

垂墜領

draped neck

加上柔軟皺褶的領口樣式，由鬆弛、垂墜的布料製成，像是流水一樣的皺褶稱為drape，給人優雅的印象。

大垂墜領

cowl neck

領口具有充足垂墜布料的樣式。cowl原意是指的是天主教修道士所穿著的外衣。

漏斗領

funnel neck

形狀像是顛倒漏斗的領口樣式。funnel是漏斗的意思。

削肩領

american armhole

將頸部根部到腋下的袖子剪去的領口樣式。也稱為**美式袖**（american sleeve）。

希臘領

grecian neck

grecian是「古代希臘風」的意思。剪掉或是收緊頸部以下部分布料的設計。

薄紗領

illusion neck

領口、肩膀和背部等部位使用蕾絲等透膚的材質，讓人感覺像是露出了這些部位的肌膚。在婚紗禮服上很常見，使用裝飾性高的材質，就能表現出華麗的感覺。

馬蹄領

queen anne neck

肩膀用蕾絲等材質的袖子包覆，讓人感覺領口開得較深。在婚紗禮服上很常見，能讓頸部的線條看起來美麗，袖子也有讓肩膀看起來不那麼寬的效果。

細肩帶領

spaghetti strap

像是細肩帶背心一樣，用讓人想起義大利麵的細肩帶（strap）垂掛，露出肌膚的領口樣式。也指細肩帶本身。

標準領
standard collar

使用在白襯衫上的標準襯衫領，也稱為**普通領（regular collar）**。每個時代的標準都不同，因此標準領的形狀也會隨著時代演進而有些許細微的變化。

短尖領
short point collar

領尖(point)短（基準為6cm以下），領子前端之間的距離較開。給人隨興卻又整齊乾淨的印象，基本上不會搭配領帶。也稱為**小領(small collar)**。

鈕扣領
button down collar

領子前端有扣眼，基本上是休閒場合穿著的襯衫所使用。1900年左右出現的領子樣式，是常春藤學院風穿著的經典特徵。據說起源是為了避免馬球競技時，風吹來將領子翻起而觸碰到頸部和臉部。

飾耳領
button up collar

襯衫的領子前端有延伸的小布條(tab)，用鈕扣固定。將領帶的結打在上面，可以讓領帶結看起來更漂亮。

水平領
horizontal collar

因為領子前端分開至接近水平(horizontal)，而取作這個名稱。寬角領的領子角度為100～120度，水平領的領子角度則比寬角領更開些。這種領子樣式很受義大利男性的歡迎，常常可以看到運動員穿著。這種領子樣式不搭配領帶，具有隨性的感覺卻又引人注目，而且可以廣泛搭配，在不同場合都很適合穿著，因此迅速普及，人氣急速上升。也稱為**一字領(cutaway)**。

繫帶領
tab collar

領子裏側使用小布條固定，將領帶穿過，領子前端就會變得更挺、更有立體感，因此除了有經典、優雅的感覺，還帶有知性和少許運動風的印象。

針孔領
pinhole collar

領子中央有小孔，領子用針穿過固定的樣式。能做出立體的領口，常運用在正式華麗的襯衫設計上，強調知性和高貴的感覺。也稱為**孔眼領(eyelet collar)**。

雙扣領
due bottoni

一般第一個扣子所在的領台較高，喉嚨底部的鈕扣有兩個。即使不搭配領帶，看起來也不會太過隨興，因此在實行「清涼商務穿著運動」等場合最好能有一件。
註：日本希望上班族穿著輕量化，空調保持28℃，以降低CO_2排放量推行的運動。

三扣領
tre bottoni

領台相當高，喉嚨底部的鈕扣有三個。基本上不搭配領帶，即使不繫領帶，領子仍然顯眼，能穿出正式華麗感。很多三扣領也會做成鈕扣領。tre bottoni是義大利文中「三個鈕扣」的意思。

巴利摩爾領
barrymore collar

領子前端比一般的領子來得更長，名稱的由來是好萊塢明星約翰・巴利摩爾曾穿著這種領子的衣服。

隧道領
tunnel collar

領子部分像是隧道一樣彎曲成圓筒狀的樣式。

義大利領
italian collar

V字形的領口，領子和領台為同一塊布料（一體成型），也稱為**單片領（one piece collar）**，基本上不搭配領帶。毛衣和外套等也會使用。

窄角領
narrow spread collar

左右領子間距較窄，多半指領子開角角度大多在60度以下的樣式。

史丹領
soutien collar

是第一個鈕扣扣著或不扣都可以穿脫的領子樣式。正面的領腰較低、背面的領腰較高，沿著頸部直線反折。英文稱為**兼容領（compatible collar）**，soutien collar為日本發明的英文名。

巴爾領
bal collar

史丹領的第一個鈕扣不扣且反折而成的領子，下領片比上領片小。巴爾領是**巴爾馬肯領**的簡稱，用於巴爾馬肯大衣（balmacaan／p.88）。

※領台：領子的基礎部分，多半是帶狀。
　領腰：領子裏側、反折處內側的部分。

16

圓領
round collar

領子前端為圓角的領子樣式。因為帶有圓角，可以給人女人味和優雅等印象。但圓角也會強調臉部輪廓，因此圓臉的人也要特別注意。圓領給人較強的隨性感，因此商務場合多半會避免穿著。還有，立領（stand collar）的學生制服中，領子內側不使用可更換的塑膠製襯裏，而是在領子上緣滾上白色的邊，用布製成嵌入式領子，那種領子也稱為圓領。

巴斯特布朗領
buster brown collar

領子寬度較寬，前端為圓角的領子樣式。名稱的由來是20世紀初很受歡迎的美國連載漫畫《巴斯特・布朗》中，主角穿著這種領子的衣服，因此以主角的名字做為名稱。多用在童裝設計上。

伊頓領
eton collar

寬度較寬的平領（沒有領台的領子），源自於英國伊頓學院的制服。

詩人領
poet's collar

較大的領子，既沒有領芯，也不上漿，用柔軟布料製作而成。名稱的由來是活躍於19世紀前半的英國詩人拜倫和雪萊等人喜歡穿著這種樣式的衣服，poet是詩人的意思。

花瓣領
petal collar

指製成花瓣型的領子樣式，將領子剪裁成帶有圓弧的花瓣型，或是將剪裁成花瓣形狀的布重疊。沒有領腰的平領樣式之一。

開領
open collar

領子上緣加上反折的小布片（下領片），不會勒緊領口、通風性良好，人們在度假勝地和溫暖地區的夏天常穿著。有名的開領樣式服裝是夏威夷的夏威夷花襯衫、沖繩的嘉利吉花襯衫，別名**開襟**。

橫濱領
hama collar

開領的其中一種樣式，下領片有扣眼圈。在女學生用的襯衫和上衣等服裝上很常見。名稱的由來是1970年代末期流行的橫濱傳統風格穿搭常使用，當時使用扣眼圈固定鈕扣。

斜領
sideway collar

領子交會處不是在正中央，而是偏左右其中一側，領子左右不對稱。

娃娃領
Peter Pan collar

領子前端是圓角，寬度較寬，在童裝和女裝上很常見，是圓領（round collar）的其中一種，也是寬度較寬的平領的其中一種樣式。

馬蹄領
horseshoe collar

領子形狀類似裝在馬蹄上的馬蹄鐵，在比U領開口更深的領口上，加上平領領子。

低領
low collar

開口寬的領口加上平領的領子樣式總稱，平領沒有領台和領腰，領台低的樣式也稱為低領。

立領
stand collar

沿著頸部立起、不反折的領子總稱，日文也稱為**立襟**、**站立襟**。

毛澤東領
mao collar

在旗袍等中國服會看到的立領樣式，名稱的由來是毛澤東曾經穿著這種領子樣式的服裝。

中式領
mandarin collar

領子寬度較窄的立領。名稱來自於中國清朝的官吏穿著的服裝，和毛澤東領幾乎相同。

翼領
wing collar

領口周圍沿著頸部立起來，只有正面部分的領子反折，像是羽翼一般展開。最正式的裝扮是搭配阿斯科特領帶，通常會搭配晨禮服、無尾禮服穿著。也稱為**單層領**（single collar）。

寬立領
standaway collar

在立領中領子距離頸部較遠的樣式。也稱為**遠領（faraway collar）**或者是**遠立領（stand off collar）**。

帶狀立領
band collar

立領的其中一種樣式，領口加上帶（band）狀的布製成。具有隨性感的同時，領口部分看起來也很清爽，能給人整齊乾淨的印象。

士官領
officer collar

在軍官的制服上可以看到的立領樣式。officer是「士官、軍官」的意思，常用領鉤固定。

荷葉邊立領
frill stand collar

立領（stand collar）加上飄逸皺褶（荷葉邊）的領子樣式。

狗項圈領
dog collar

是牧師所穿著的立領的俗稱，名稱由來是因領子形狀和狗項圈很像。白色部分是裡面的羅馬領（p.22）。因為形狀相似，頸鍊和較寬的項鍊有時也會稱為狗項圈。

束帶領
belt collar

用束帶固定的立領，也指單邊領子前端延伸為帶狀固定在另一邊的領子樣式。也稱為**帶狀領（strap collar）**。

高立領
chin collar

領子高到可以蓋住下巴（chin）的筒狀領子。為了讓領子不要頂住下巴處，領圍多半較寬。防寒效果優良，和毛皮等素材相同，在抵禦酷寒的各式外套等服裝上都很常見。

水手領
sailer collar

使用於水手（sailer）的制服，在甲板上聽不清楚聲音時，將領子立起就能解決。一般會在胸前綁上領巾或領結做為裝飾，也稱為**海軍軍校領（middy collar）**。

領結領
bow tie

在女裝時尚風格中,領子部分會打成蝴蝶結,是具女性氣質的代表性設計。bow的意思是蝴蝶結,而在男裝時尚中主要指領結。

圍巾領
scarf collar

看起來像是將圍巾圍在頸部上或將布條打結的領子樣式,也指帶有圍巾狀粗布條的上衣。另外,用較細的布帶打結固定的領子稱為**蝴蝶結領**(bow collar)、**緞帶領**(ribbon collar)。

領口褶飾
jabot

輕薄飄逸布料製成的荷葉邊裝飾,從領子處垂到胸前。也稱為**褶飾領**(jabot collar)。

馬球領
polo collar

用2個或3個鈕扣固定前襟,從頭套入穿上的領子樣式。通常運用在馬球衫(p.41)設計上。

船長領
skipper collar

大略可分成兩種類型,一種像是沒有鈕扣的馬球領或是V領衣服加上領子,另一種則是針織衫領口有像是多層次穿搭一樣的分層設計。

強尼領
johnny collar

加在較短V領領口上的平領,多半採用針織布料。強尼領有小型披肩領的別稱,也指小的立領,有時也指使用在棒球外套(p.84)等服裝上的新月形領子。

滾邊領
framed collar

加上滾邊的領子總稱,又叫**鑲邊領**(trimming collar)。

斜接領
miter collar

領子使用不同布料拼接而成的樣式,主要在直條紋襯衫上較常見,也會使用素面和花紋等布料拼接。本來是在領子前端斜拼接不同布料,現在的主流則像是插圖所描繪的帶狀,並拼接了不同布料。

狗耳領
dog-ear collar

領子不扣上的時候形狀像是狗的垂耳，扣上的時候會變成立領。在男性的夾克上可以看到這種領子樣式，領子布條扣上後，可以防風，具有保暖效果。

清教徒領
puritan collar

用在清教徒（puritan）的服裝上，一種寬度較寬的領子，或是指這種領子樣式。領子是非常寬的平領，延伸至肩膀前端，多半使用白色，給人清秀的印象。

貴格領
quaker collar

指17世紀於英格蘭設立的基督教教派（貴格教派）教徒所穿著，寬度較寬的平領樣式。和清教徒領很相似，但是領子前端是銳角，看起來更像是倒三角形。

小丑領
pierrot collar

在小丑（pierrot）的服裝上常可以看到的領子形狀。領子的荷葉邊為環狀，或是立領狀。

拉夫領
ruffled collar

有荷葉邊裝飾的領子，拉夫是裝飾用皺褶的意思，以抽皺或是打褶的手法做出皺褶。也稱為**拉夫度領**、**荷葉領（frill collar）**。

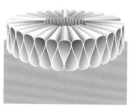

輪狀皺領
ruff

連續打褶製作而成的領子，在16～17世紀的歐洲貴族和富豪間很流行，日本稱為**襞襟**。幾乎都是可拆卸式，據説原本是為了保持布碰觸到肌膚部分的清潔而加入的設計。

伊莉莎白領
elizabathan collar

以裝飾為目的的領子樣式，領子在頸部周圍展開成扇子狀，伊莉莎白王朝時代所使用，也叫**扇狀領（fan collar）**。另外，防止動物舔身上傷口的防護用具也叫這個名稱。

箱型領
box collar

從肩膀到胸前的四角形領子，名稱是來自於領子形狀像是四角形箱子（box）般。

羅馬領
roman collar

指使用在天主教神父服裝上寬度很寬的領子，會在後方扣起固定。還有裝在狗項圈領（p.19）上的較寬帶狀領子，也稱為羅馬領。

圍兜領
bib collar

指前襟看起來像是戴著口水圍兜的領子樣式，或是有領子的護胸（bib with collar）。bib的意思是口水圍兜或護胸。

垂班德領
falling band

17世紀使用，領子寬度寬、較大的平領，邊緣多半會滾上蕾絲。也稱為**凡戴克領**（van dyke collar）。

槍手領
mousquetaire collar

指槍手所穿著的寬平領樣式。mousquetaire是法文中「槍手、騎士」的意思。雖然形狀和垂班德領很相似，但是現代的罩衫等服裝使用這種樣式的時候，領子多半會是圓弧狀。

蓓沙領
bertha collar

正面沒有開口、蓋住上臂的較大領子。因為和17世紀流行的領子裝飾「蓓沙」很相似，而取作這個名稱。會搭配晚禮服等服裝，雖然形狀和披肩很像，但和披肩不同，正面沒有開口。

拉巴丁領
rabatine collar

從肩膀垂下的披肩狀領子樣式。

Back

大方蕾絲巾領
fichu collar

指領子後方呈三角形的大領子樣式。三角形的披肩在胸前打結成領巾的形狀。fichu是法文，指「在胸前打結的三角形圍巾」。

大翻領
roll collar

像是圍繞在頸部周圍的
反折領子，也指較為寬
鬆、沒有缺口（Ｖ字形
的切口）的反折領子。
領圍較大的樣式在婚紗
禮服中很常見。

無領
no collar

沒有領子的領口樣式總
稱，或是指這種樣式的
衣服。

三角領
triangle collar

領子部分採用了三角形
（triangle）的樣式。

披肩領
shawl collar

形狀像是帶狀披肩的領
子，無尾禮服常使用的
領子樣式，特徵是下領
片的前端為和緩的圓弧
狀。加在外套上，能強
調優雅感，使用在毛衣
等服裝上，則能給人柔
軟的印象。

無尾禮服領
tuxedo collar

指無尾禮服所使用的較
長披肩領。沒有缺口，
呈圓潤和緩的圓弧狀。
日文名稱是**絲瓜領**。

缺角披肩領
notched shawl collar

披肩領中間加上缺口的
領子。

缺角領
notched lapel collar

這是最常使用在西裝外
套上的領子樣式。連接
上領片（collar）和下領
片（lapel）的縫線為直
線，製作出有Ｖ字形切
口（notch）的缺角（領
駁口／p.140），下領
片的前端朝下。

劍領
peaked lapel collar

peak是「尖銳的前端」
的意思，這個樣式的特
徵是下領片（lapel）的
前端朝上。下領片的前
端朝下則稱為缺角領。

披肩劍領
peaked shawl collar

外型像披肩領(p.23)，
再加上像劍領(p.23)一
樣的裝飾縫線。

缺角圓領
clover leaf collar

缺角領(p.23)領子前端
為圓角的領子樣式。英
文名稱的由來是其領子
形狀像幸運草葉子。

立佛領
reefer collar

劍領、前襟為雙排扣的
領子樣式，做為立佛外
套、立佛大衣(p.86)的
領子使用。

T字缺角領
T shaped lapel

上領片(collar)比下領
片(lapel)寬度更寬，看
起來像是T字。

L字缺角領
L shaped lapel

下領片(lapel)比上領
片(collar)寬度更寬，
上下領片縫合處看起來
像是L字。

阿爾斯特領
ulster collar

在阿爾斯特外套(p.89)
上可看到的領子樣式。
上下領片的寬度等寬，
邊緣加上車線，領子整
體的寬度較寬。

魚嘴領
fish mouth lapel

劍領的上領片(collar)
前端為圓角，缺角(領
駁口／p.140)的形狀看
起來像魚的嘴巴(fish
mouth)。

蒙哥馬利領
montgomery collar

較大的缺角領。在第二
次世界大戰中，英國軍
人蒙哥馬利穿著的軍服
上可以看到。

拿破崙領
napoleon collar

特徵為下領片（lapel）很大及上領片（collar）近似立領。名稱的由來是拿破崙和他那個時代的軍人曾經穿著這種領子樣式的服裝。現代也將這種領子樣式使用在外套上。

瀑布領
cascading collar

從領口到胸前的皺褶，形成像是波浪的形狀。cascade是「連續的小瀑布」的意思，領子給人連綿流動的印象，而取作這個名稱。

立翻領
stand out collar

其上領片（collar）為立領，下領片（lapel）為翻領的領子樣式。

西班牙領
donkey collar

指羅紋編織製成的較大領子，領子前端多半用鈕扣固定。英文名稱為**spainish collar**，這裡的donkey collar是日本獨有的稱呼。

交叉圍巾領
cross muffler collar

披肩領（p.23）下端交叉的領子樣式，在有領子的針織衫和毛衣的設計上很常見。

棒球領
baseball collar

在棒球場穿著的棒球場外套（通稱棒球外套／p.84）以及棒球制服上可以看到的領子樣式。

圓袖

set-in sleeve

照原本的袖襱線接上的袖子樣式，最普通的樣式。男士服裝外套幾乎都使用圓袖樣式。

襯衫袖

shirt sleeve

在白襯衫和作業服等常會看到的袖子樣式，袖山（袖襱的山岳部分）較低，袖山比圓袖更低，手臂容易活動，因此也會使用在運動服裝上。另外，也單純指襯衫風格的袖子。

和服袖

kimono sleeve

肩膀和袖子連接處沒有剪裁線也沒有縫線的袖子樣式。也稱為**平袖**，是用同一塊布料剪裁而成。名稱是西方國家以和服、中國的旗袍等服裝做為比喻而產生的用語，和實際的和服袖子剪裁不同。

拉格蘭袖

raglan sleeve

從領口到袖下斜線拼接的袖子樣式，肩膀和袖子連接在一起，肩膀和手臂容易活動，因此常在運動服裝和健身服裝上看到。

半拉格蘭袖

semi raglan sleeve

相對於拉格蘭袖從領口開始拼接，半拉格蘭袖的拼接是從肩線中間到腋下。

前圓後拉格蘭袖

split raglan sleeve

後側是拉格蘭袖，前側是圓袖的袖子樣式。

馬鞍肩袖

saddle shoulder sleeve

拉格蘭袖的其中一種樣式，肩膀部分平行，肩膀形狀比拉格蘭袖更多一點角度。名稱的由來是看起來像是加了馬鞍（saddle）。

肩章袖

epaulet sleeve

肩膀上部像是別了肩章（p.140）一樣連在一起的袖子樣式。

約克袖
yoke sleeve

約克（前後片的拼接部分）和袖子連接在一起的設計。

楔型袖
wedge sleeve

袖襱線深入內側的袖子樣式。wedge是楔型的意思。

深袖
deep sleeve

袖洞呈現寬而深的袖子樣式。

落肩袖
dropped shoulder sleeves

袖襱比肩膀位置更低的袖子樣式總稱。

分離袖
detached sleeve

為了設計美觀和防寒程度調整，可以拆卸或是分離的袖子樣式。若以設計美觀為目的，看起來雖然是露肩設計，但是袖子可以拆卸，能讓穿搭更多變。

露肩袖
open shoulder

肩膀部分挖洞露出肌膚的袖子樣式總稱，挖的洞有不同形狀。具有讓肩膀線條看起來更漂亮的效果。也稱為**挖肩袖**（cutaway shoulder）、**肩洞**設計。

泡芙袖
puff sleeve

肩膀前端和袖口有皺褶或是活褶的縮口，袖子部分圓潤膨起的樣式。在日本也稱為**燈籠袖**，多半指較短的袖子。文藝復興時代的歐洲，不只是女性，男性也會穿著這種袖子樣式，但是在現代這已經變成強調女性的可愛和華麗的袖子樣式，常使用在上衣和連身洋裝等服裝上，男裝則是會在佛朗明哥舞和歌劇的服裝上可以看到。puff是「膨脹、膨脹的部位」的意思。

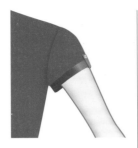

鈕扣袖
cuffed sleeve

正確的稱呼是**袖扣袖**，袖口加上袖扣的袖子樣式總稱。

荷葉袖
flared sleeve

從肩膀前端到袖口都很寬鬆的袖子樣式。

披肩袖
cape sleeve

形狀像是披上披肩，因而取這個名稱。肩膀前端到袖子部分很寬鬆。

燈籠袖
lantern sleeve

lantern一詞是燈籠的意思，指以打褶、拼接的手法製作而成，膨脹成像燈籠一樣的袖子樣式。是泡芙袖(p.27)的其中一種樣式。

垂墜袖
cowl sleeve

重疊多個皺褶，做出垂墜效果的袖子樣式。

帶狀袖
band sleeve

袖口縫上一圈帶狀布條(band)的袖子樣式。

小蓋袖
cap sleeve

只能蓋住肩膀前端，非常短的袖子樣式。名稱的由來是袖子的形狀像是戴上了圓弧狀帽子的帽沿。

臂環袖
armlet

臂環本來是指戴在上臂的臂圈和臂飾，也指非常短的筒狀袖子樣式。

法式袖
french sleeve

前後片和袖子部分不拼接，由前後片的布延伸剪裁製成的袖子樣式。對歐美人士來說，這種不做拼接的袖子，大多稱作和服袖，現代多半指袖長較短的袖子。

花瓣袖
petal sleeve

像是好幾層花瓣重疊的袖子樣式總稱，**鬱金香袖**也是其中一種。

天使袖
angel sleeve

看起來像是繪畫中天使穿著的服裝一樣，袖口寬廣的袖子樣式。也有人把天使袖和翼狀袖當作相同樣式。

翼狀袖
winged sleeve

像是鳥類的翅膀一樣，整個袖子到袖口都很寬鬆的袖子樣式。也有人把翼狀袖和天使袖當做相同樣式。

多層袖
tiered sleeve

多層皺褶或荷葉邊拼接而成的袖子樣式。

氣球袖
balloon sleeve

像是氣球一樣膨脹得很大的袖子樣式，多半指比泡芙袖的袖長更長一些的袖子。

蓬袖
bouffant sleeve

從肩膀上部開始就很寬鬆的袖子樣式，多半指寬大而長的袖子。

手帕袖
handkerchief sleeve

指像是用手帕覆蓋住肩膀一樣的柔軟荷葉邊的袖子樣式。多半會重疊輕薄的布料，製作成像是多層袖的樣式，活動時給人優雅的印象。

杜爾曼袖
dolman sleeve

袖洞（袖襱）大而寬鬆，越往袖口越窄的袖子樣式。名稱來自於有同樣袖子的土耳其民族服裝外衣杜爾曼。用於女裝針織衫和剪裁上衣等上衣，是很受歡迎的袖子樣式，這是因為這種袖子方便活動，穿起來輪廓寬鬆而美麗，既能強調女人味，又能帶給他人身體線條很婀娜多姿的想像。

蝴蝶袖
butterfly sleeve

形狀像蝴蝶翅膀或是蝙蝠翅膀的袖子樣式。也稱為**蝙蝠袖（bat wing sleeve）**。

袋狀袖
bag sleeve

手肘附近特別寬鬆，看起來像是加了一個袋子（bag）般的袖子樣式。

斗篷袖
poncho sleeve

只有肩膀部分固定，袖子下部沒有縫合，形狀像是披肩和斗篷的袖子樣式，看起來像是穿上了斗篷。

主教袖
bishop sleeve

在主教教服上可以看到的袖子樣式，長袖袖口有皺褶，並加上袖扣。和村姑袖類似。

村姑袖
peasant sleeve

歐洲傳統農民服裝的袖子樣式，peasant是農夫的意思。形狀像是寬鬆的長泡芙袖（p.27），類似的樣式有主教袖。是落肩袖（p.27）的其中一種樣式。

鐘型袖
bell sleeve

越往袖口越寬鬆，形狀像是釣鐘（bell）的袖子樣式。具有讓手腕看起來變細的效果，能給人手臂也很細的想像。形狀和喇叭袖很類似。

喇叭袖
trumpet sleeve

越往袖口越寬鬆，形狀像是喇叭的袖子樣式，和鐘型袖很類似，又叫做**短號袖**。

寶塔袖
pagoda sleeve

袖子上半部窄，從手肘到袖口漸漸變得寬鬆的袖子樣式。名稱的由來是因為形狀類似佛教寶塔（pagoda），和鐘型袖很類似。

傘狀袖
umbrella sleeve

越接近袖口處越開闊，形狀像是打開雨傘般的袖子樣式，又叫做**降落傘袖**。

尖角袖
pointed sleeve

袖子延伸至手背，前端形狀像是三角形尖角，常使用在婚紗禮服上。

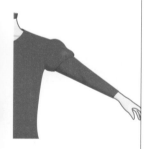

茱麗葉袖
Juliet sleeve

是模仿《羅密歐與茱麗葉》中茱麗葉服裝的袖子樣式，看起來像是泡芙袖加上窄長的袖子。

羊腿袖
leg-of-mutton sleeve

袖子形狀像是羊的腳，肩膀部分膨起，越往袖口越窄，法文稱為manche a gigot。起源於中世紀，當時肩膀部分會塞入填充物讓袖子膨起，後來則用皺褶和打褶讓袖子膨起，製作出袖山。過去在婚紗禮服可以看到這種袖子樣式，現在則是使用在女僕裝等角色扮演服裝上。有的會在肩膀處做成泡芙袖，再接上整條都很緊的袖子，製作成同樣形狀。

雞腳袖
chicken-leg sleeve

袖子形狀像是雞的腳，肩膀部分膨起，越往袖口越窄。

大象袖
elephant sleeve

羊腿袖(p.31)的其中一種樣式，肩膀處膨起，越往袖口越窄，形狀讓人聯想到大象鼻子。指膨起部分較大的樣式，在1980年代中期流行將袖子膨起部分製作到最大。

開衩袖
slashed sleeve

在袖口處做了切口的袖子樣式，slash是切口的意思。

袖衩
arm slit

指袖子、袖子拼接處，或是前後片上讓手臂容易伸出來的切口。有的是為了設計上美觀，有的是為了方便活動。

懸飾袖
hanging sleeve

手臂不穿過去，只垂下做為裝飾的袖子樣式。

馬木路克袖
mamluk sleeve

分多層加上皺褶，連續膨起的袖子樣式。起源是拿破崙一世遠征埃及時，表現活躍的馬木路克軍所穿著的服裝。

槍手袖
mousquetaire sleeve

從袖山到手腕加入抽皺的縱向拼接，且完全緊貼著手臂的長袖袖子。mousquetaire是法文中「槍手、騎士」的意思，模仿了槍手服裝的袖子形狀。

美式袖
american sleeve

和削肩領(p.14)相同，剪去從頸部根部到腋下的袖子部分。

左
上衣：荷葉邊立領 (p.19)
外套：MA-1 (p.83)／
　　　棒球領 (p.25)
裙子：直筒裙 (p.52)／
　　　動物紋印花 (p.161)
鞋子：木鞋涼鞋 (p.103)

右
上衣：領結領 (p.20)
外套：箱型大衣 (p.85)
褲子：牛津寬褲 (p.63)
鞋子：厚底鞋 (p.110)

插圖繪製：チヤキ

直線袖口
straight cuffs

從袖子到袖口皆為直線筒狀的袖口樣式。

開口袖口
open cuffs

有開衩等設計,袖口有開口的樣式,也稱為**開衩袖口**(slit cuffs)。

拉鍊袖口
zipped cuffs

可用拉鍊開合的袖口。

可拆袖口
removable cuffs

指可用鈕扣等扣起固定或打開來的袖口設計樣式。袖子更容易往上捲起來,因此以前的醫生常穿這種袖口的衣服,而有**醫生袖口**(doctor cuffs)的別名。日本稱為**本開**、**本切羽**。

單層袖口
single cuffs

本來的意思是指不反折的單層袖口,一般是指一邊袖口有袖扣,另一邊袖口有扣眼可以扣起固定的袖口樣式。襯衫袖口的其中一種樣式,也稱為**圓筒袖口**(barrel cuffs)。無論商務或是休閒場合都可以穿著,是經典的基本袖口樣式。袖口寬度較寬、會上漿、兩邊都開扣眼,用袖扣扣起固定是穿著時最正式的樣式。

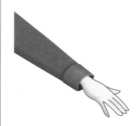

反折袖口
turn-up cuffs

是袖口前端反折的袖口樣式總稱,而雙層袖口(p.36)也是反折袖口的其中一種樣式,也稱為**回折袖口**(turn-back cuffs),有時也指反折的褲管。

寬反折袖口
turn-off cuffs

反折的袖口前端較寬的樣式,反折袖口的其中一種樣式。

單層反折袖口
double turn-up cuffs

較長的單層袖口在中間反折的袖口樣式。

單層寬反折袖口
double turn-off cuffs

較長的單層袖口在中間反折的袖口樣式，反折的袖口前端較寬，和袖子分離。

捲袖口
rolled cuffs

反折袖口的其中一種，拼接上另外縫製的袖口並反折的樣式。

鎧甲手套袖口
gauntlet cuffs

gauntlet是中世紀騎士穿戴當作武器的手套。手套袖口是指模仿這種手套外觀的袖口，是從手腕到手肘漸漸變寬的大片袖口。

騎士袖口
cavalier cuffs

17世紀的騎士穿著的服裝袖口，將寬度較寬的袖口反折而成，袖口邊緣多半會加上裝飾。

大衣袖口
coat cuffs

大衣的袖口總稱。在質料多半較厚的大衣上，再縫上較大的袖口，或是反折製成袖口。

毛皮袖口
fur cuffs

主要指在外套等的袖口加上毛皮的樣式，fur是毛皮的意思。

翼狀袖口
winged cuffs

翼的意思是翅膀，顧名思義，指反折部分像是翅膀一樣展開的袖口樣式，因袖口有尖角，又名**尖角袖口**（pointed cuffs）。

可調整袖口
adjustable cuffs

指尺寸大小可以調整的
袖口，多半用複數（主
要是兩個）鈕扣調整。
是不反折的單層袖口，
常使用在非訂製的白襯
衫設計上。

雙層袖口
double cuffs

是襯衫袖口的樣式之一，指反折成雙層，用裝飾性
鈕扣（袖扣）固定的袖口，也稱為**法式袖口**（**french
cuffs**）、**袖扣袖口**（**ring cuffs**）。重疊的雙層袖口
和講究細節的鈕扣正式而華麗、裝飾性高，可以穿
出立體的時尚搭配，正式場合和商務場合都可以廣
泛使用。雙層的袖口第一層、第二層都會開扣眼。

圓角袖口
round cuffs

指袖口的角剪裁成圓角
的樣式，袖口不容易勾
到其他東西，穿著起來
很方便。

斜角袖口
cutaway cuffs

指袖口的角做了斜切的
樣式。也稱為**角度袖口**
（**angle cuffs**）、**切角袖
口**（**cut-off cuffs**）。

延伸袖口
extension cuffs

指袖子前端加上延伸袖
口的樣式，多半是加上
荷葉邊等，讓袖口變得
開闊。

拉夫袖口
ruffle cuffs

袖口加上皺褶裝飾的袖
口樣式總稱。

輪狀皺褶袖口
ruff cuffs

指袖口加上摺疊皺褶裝
飾的樣式。和輪狀皺領
（領子／p.21）一樣，在
17世紀左右上流階級的
服裝中很常見。

花瓣袖口
petal cuffs

形狀像是綻放花瓣的袖口樣式。製作方式分成在袖口加上切口，以及在袖口加上複數片花瓣形狀的布。

圓形袖口
circular cuffs

指剪裁成圓形的袖口，袖口像是柔軟的荷葉邊一樣展開。加在較窄的袖子上，更能強調開闊度，營造出更有女人味的線條。

昂格瓊皺褶袖口
engageante

指從17世紀到18世紀流行的華麗袖口裝飾，使用薄蕾絲或打褶的多層荷葉邊製作而成，加在女性洋裝長到手肘的袖子上。

瀑布袖口
wrist fall

袖口加上柔軟質料製作而成的荷葉邊，裝飾成瀑布狀的樣式。

滾邊袖口
piping cuffs

袖口加上滾邊（p.141）的袖口樣式總稱。英文piping是滾邊的意思。

帶狀袖口
band cuffs

指製成帶狀的袖口，袖口多半會加上皺褶。

緞帶袖口
ribbon cuffs

指可以用袖口緞帶調整袖口尺寸大小的樣式。

鈕扣袖口
button cuffs

指用直線排列的裝飾性鈕扣等扣起固定的袖口樣式。使用在罩衫等服裝上，能讓服裝看起來更優雅。

長袖口
long cuffs

指製作得較長的袖口，
有讓手腕看起來變得較
細的效果。

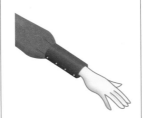

深袖口
deep cuffs

指寬度很寬的袖口，其
寬度通常將近普通袖口
的二倍。

合身袖口
fitted cuffs

指從手腕到手臂都緊緊
貼合的袖口。

針織袖口
nitted cuffs

指羅紋編織（p.165）編
成的袖口，具伸縮性，
容易包覆住手腕，防寒
效果也很好，因此常使
用在短外套等服裝上。

打褶袖口
tucked cuffs

在袖口加上摺疊的活褶
（皺褶），讓袖口縮小為
筒狀的樣式。

鐘型袖口
bell shape cuffs

袖口開闊呈鐘型。bell
的意思是釣鐘，因為袖
口展開的形狀像釣鐘，
而取了這個名稱。

垂墜袖口
dropped cuffs

開闊又下垂的袖口樣式
總稱。

流蘇袖口
fringe cuffs

在袖口處加上流蘇（穗
狀線條裝飾／p.143）的
樣式。

束帶袖口
strapped cuffs

為了調整尺寸大小，或是為了裝飾，在袖口加上束帶或繩線的樣式。

線飾袖口
corded cuffs

在袖口附近加上以裝飾為目的的裝飾繩線的樣式總稱。除了有另外縫上裝飾繩線的樣式，還有袖口滾邊（p.141）的樣式，變化多樣。

嵌心絲帶袖口
gimp cuffs

線飾袖口的其中一種樣式，指袖口加上用金屬線當中芯、裏上絲線的裝飾繩線，當作裝飾的樣式，可以在禮服軍服上看到。起源有為了抵擋刀子，而在手腕纏上多層繩線，以及將天氣不佳時固定船體的繩索纏在手腕上攜帶等說法。

防風袖口
wind cuffs

指穿上鬆緊帶等，讓袖口有伸縮性，避免風灌入的袖口樣式。在戶外運動外套等服裝上很常看到。

飾帶袖口
tabbed cuffs

指加上小條帶狀裝飾的袖口樣式。

小袖口
petit cuffs

非常短的袖子加上較小反折袖口的樣式。petit是可愛、小的意思。

吻扣袖口
kissed button

將鈕扣之間的間隔縫得很狹窄而重疊，像是接吻一樣，而取作這個名稱。可以在西裝和外套等服裝上看到，據說是為了強調裁縫技術高超而出現的變化。

緊身胸衣
bustier

原本是指沒有肩帶（strap），將胸罩和束腰（p.50）合為一體的女性用內衣，現在市面上也有很多形狀類似的上衣。雖然原本的穿著目的是讓上半身的線條看起來更漂亮，例如讓腰部看起來更細、修正胸部的形狀等等，但是因為具有女性內衣的要素，現在也做為強調女人味的性感外衣穿著，和細肩帶背心的區別漸漸消失。英文名稱也寫作**bustie**，也稱為**緊身上衣**（bustier tops）。

細肩帶背心
camisole

用較細的繩線垂掛，露出肩膀的外穿上衣或是內搭衣。上緣的線條接近水平，當作內搭衣的細肩帶背心很多會加上蕾絲等裝飾。名稱的起源是西班牙文[camisa]，由意指亞麻製內衣的拉丁文[camisia]演變而來。也當作服裝特徵用語使用，意指領口附近由繩線垂掛的樣式，例如細肩帶洋裝等。

坦克背心
tank top

領口開得較深，露出肩膀、沒有袖子的上衣。掛在肩膀上的部分有一定的寬度，和前後片是同一塊布料製成。日本男性用的坦克背心也會寫成**慢跑衫**（running shirt）。

露肩背心
bare top

形狀像是細肩帶背心但沒有做肩帶，胸口和背部開得較低，露出肩膀和肌膚（bare）的上衣。多半使用具有伸縮性的材質製成，和平口背心幾乎相同，也使用在洋裝的上半身設計。

平口背心
tube top

形狀像是細肩帶背心但沒有做肩帶，主要使用針織材質製成的筒狀上衣，或是指這種形狀本身，度假服裝等也會使用這種樣式。比起露肩背心，平口背心的內搭感較強一些。

短版上衣
crop top

前後片在比腰部更高的位置剪去的短上衣。和半截式上衣幾乎是相同的意思。也稱為**短上衣**（cropped tops）、**半截上衣**（half top）、**布拉蕾**（bralette）。

半截式上衣
midriff tops

前後片在胸部下方、腰部上方剪去的短上衣。和短版上衣幾乎是相同的意思。midriff是橫膈膜的意思，在服飾相關領域，意指在胸部下方剪去的衣服長度。

T恤
t-shirt

攤開的時候呈T字形，是沒有領子的套頭針織衫。原本是男性用的內衣，現在男女皆可廣泛搭配穿著，價格便宜。

馬球衫
polo shirt

從頭部套上穿著的套頭式上衣，且用2或3個鈕扣固定的領子，有短袖也有長袖。

船長衫
skipper

原本是指有領的毛衣和V領毛衣重疊的領口設計的針織衫，現在多半指沒有鈕扣的馬球衫，或有領子的V領上衣。領子的樣式稱為船長領（p.20）。

醫療用上衣
scrub

短袖、V領的醫療人員用上衣。有各式各樣的顏色，為了避免看了血液後，再看白色的東西會產生補色殘像，手術用的上衣會使用藍色和綠色。英文名稱scrub是「搓洗」的意思。

腰部飾裙上衣
peplum tops

在腰部拼接加上荷葉邊和皺褶裝飾，下襬為傘狀的上衣，有讓腰部看起來更細的效果。腰部的皺褶裝飾稱為腰部飾裙，不只使用在上衣，在裙子、褲子和外套等服裝上也可以看到，腰部會被其傘狀輪廓隱藏起來，能給人腰部很細的想像，因為看起來很有女人味而受歡迎。也有說法認為peplum的語源是古代希臘人外衣peplos。

腰部飾裙罩衫
peplum blouse

在腰部拼接加上荷葉邊和皺褶裝飾，下襬為傘狀的罩衫，有讓腰部看起來更細的效果。

斯莫克罩衫
smock blouse

在前後片加上皺褶，讓整體變得寬鬆。模仿畫家的工作服和幼兒園小孩服製作而成的樣式。

凱沙爾衫
cache coeur

原本是指大約蓋住胸部的短上衣，現在則是指像是將身體捲起來的包裹式門襟上衣，胸口像是和服一樣，多半用繩線、緞帶、鈕扣、別針等固定。名稱的cache是隱藏的意思，coeur是心臟的意思，合起來是「蓋住胸部」的意思。這種門襟樣式也使用於芭蕾舞的練習用連身服。在1980年代後半開始流行，用於罩衫和針織衫等服裝上。

綁帶罩衫
sash blouse

腰部打結固定的罩衫，門襟多半是包裹式，有單純用帶狀物固定的樣式，也有下襬部分做成帶狀的樣式。

卡米沙衫
camisa

裝飾性的女用罩衫，有刺繡等裝飾，肩膀部分加上皺褶或活褶，製作出較大的袖子，菲律賓民族服裝的其中一種。camisa是西班牙文，意思是罩衫或襯衫，也指中南美洲的人所穿著的襯衫。原本是用香蕉纖維和鳳梨纖維織成的半透明精細布料，製作出像是大片翅膀的高肩線(p.142)袖子。特徵是鐘型袖(p.30)、無領、有刺繡。

可巴亞
kebaya

印尼的女性用傳統正式罩衫。領口、袖口和下襬會加上蕾絲和刺繡等裝飾，使用棉質、絲質等布料製成，多半使用半透明的布料。下半身會纏上蠟染布(爪哇印花棉布)。

喬麗
choli blouse

印度地區的女性所穿著的短罩衫，也稱為**喬麗罩衫(choli blouse)**。另外，因為會在穿著紗麗時搭配穿著，所以也稱為**紗麗罩衫**。

騎馬襯衫
habit shirt

18世紀時女性騎馬用的
襯衫，主要為白色，前
片多半會加上蕾絲和荷
葉邊裝飾。騎馬服裝也
統稱為riding habit。

維多利亞罩衫
victorian blouse

指加了英國維多利亞王
朝時代流行的裝飾的上
衣統稱。

村姑罩衫
peasant blouse

模仿歐洲農民服裝製成
的上衣。袖子和領口加
上皺褶等設計，看起來
很寬鬆。peasant是農
民的意思。

海盜罩衫
pirate blouse

模仿海盜服裝製成的上
衣，有荷葉邊等裝飾的
罩衫。

巴爾幹罩衫
balken blouse

領口和下襬加上皺褶縮
口的寬鬆罩衫，很多衣
長做得較長。據説流
行於巴爾幹戰爭時，因
此取作這個名稱。

騎士罩衫
cavalier blouse

模仿17世紀的騎士服裝
製成的罩衫。特徵是領
口、胸前和袖口會加上
荷葉邊和蕾絲等裝飾。

騎兵襯衫
cavalry shirt

模仿西部拓荒時代的騎
兵隊服裝製成的襯衫。
採頭部套上穿著的套頭
式，特徵是前襟護胸，
據説護胸的用途是在嚴
酷的環境下保護胸部。

理髮廳襯衫
barber shirt

理髮廳的工作人員當作
工作服穿著的襯衫。很
多會在開領或立領的領
子、口袋、袖口加上滾
邊設計。另外，模仿理
髮廳剪髮用斗篷製成的
女性襯衫，有的也會使
用這個稱呼。

正式白襯衫
white shirt

正面有門襟、領子有領台、袖口有鈕扣，主要穿在西裝外套下的白色（或是淡色）襯衫。也寫作Y襯衫，現在也用來指其他顏色和有花紋的襯衫。

常春藤襯衫
ivy shirt

常春藤學院風穿著使用的襯衫，底色主要是素色、棉布格紋（p.148）、馬德拉斯格紋（p.149）。使用鈕扣領（p.15）、加上中央背褶（背部中央的打褶／p.142）也是特徵之一。常春藤學院風穿著是1954年設立的美國大學美式足球聯盟喜好的穿著風格，也是美國傳統穿著的代表。傳說命名來自於紅磚造校舍有茂密的常春藤（ivy）。

寬襯衫
overshirt

寬鬆的襯衫總稱。多半是衣長較長、落肩設計的襯衫。有時不只是指襯衫本身，而是把襯衫穿得寬鬆的穿法。

牧師襯衫
cleric shirt

領子和袖口部分為白色（或是素色），其他部分使用直條紋或彩色布料的襯衫。名稱的cleric是指牧師和修道士，名稱由來是樣式和白色立領的修道服相似。在1920年代做為英國紳士的經典穿著而流行。雖然是帶有花紋的襯衫，但還是被當作較為正式的高貴襯衫，在休閒場合時穿著也容易搭配。在國外稱為**異色領襯衫（collar different shirt）、白領襯衫（white collar shirt）**或**分離領襯衫（collar separate shirt）**。

西部襯衫
western shirt

美國西部牛仔當作工作服穿著的襯衫，或是指模仿這種服裝製成的襯衫。特徵是肩膀、胸口和背部有圓弧約克（西部約克）、使用壓扣、胸口兩側有蓋式口袋（p.141）。電影中、鄉村音樂的樂手、舞者等等，為了誇大西部牛仔的印象，有時候會穿從肩膀到胸口、背部有細小裝飾和流蘇裝飾（p.143）的西部襯衫。使用丹寧布、粗藍布（p.165）等堅韌的布料來製作。

蘭絨襯衫
flannel shirt

模仿英國威爾斯地區製作的柔軟羊毛材質法蘭絨襯衫，用磨毛的棉質布料製作而成的襯衫。名稱取自於法蘭絨中的蘭絨二字，常見的是格子花紋。

樵夫襯衫
lumberjack shirt

用格子較大的格紋厚羊毛材質，胸前有兩個口袋的襯衫。lumberjack是樵夫的意思，也稱為**加拿大襯衫**。

夏威夷花襯衫
aloha shirt

原產於夏威夷的多彩花襯衫。領子為開領(p.17)樣式，下襬為方形。多使用熱帶風格的色彩，除了辦公和日常使用以外，根據襯衫花色等，有些也可以當作男性的正式服裝。起源的傳說有好幾個和日本有關，例如原本是夏威夷農夫所穿著的襯衫，由日本移民重新改製而成；原本是日本移民所製作的小孩用和服花色襯衫；以及原本是火奴魯魯的服裝店受美國人所託製作的浴衣花紋襯衫等。

嘉利吉花襯衫
kariyushi

類似夏威夷花襯衫，沖繩縣人在炎熱時期所穿著的襯衫。Kariyushi在沖繩地區的方言中，是值得慶賀的意思。以夏威夷花襯衫為原型，一般是短袖、左胸有口袋、領子為開領樣式。

狩獵襯衫
safari shirt

模仿在非洲狩獵和旅行時穿的狩獵外套(p.82)製作而成的襯衫，胸前和腹部兩側都有貼式口袋，肩膀則有肩章設計(p.140)，考慮到機能性，配置了較多的皮帶和口袋。

保齡球襯衫
bowling shirt

打保齡球時所使用的襯衫，或是指模仿其設計的襯衫，特徵是領子是開領樣式，以及使用對比強烈的大膽配色。1950年代搖滾樂流行的時候，也流行梳飛機頭搭配穿著這種襯衫，保齡球襯衫因成為美式休閒風格穿著的代表單品，而變得很有名。常會加上刺繡和臂章裝飾。

瓜亞貝拉襯衫
guayabera shirt

模仿在古巴甘蔗田工作的人所穿著的工作襯衫製成，左右前片加上了百褶和刺繡，製作出縱向線條。也寫作**瓜亞伊貝拉襯衫**，別名**古巴農夫襯衫**、**古巴襯衫**。

橄欖球衫
rugby shirt

橄欖球選手穿著的制服，或是指模仿這種服裝製成的上衣，類似馬球衫，常見的樣式是白色領子加上較粗的條紋。橄欖球選手實際穿著的橄欖球衫以激烈的競技為前提，考慮到了防止選手受傷和使用的耐久性，鈕扣是塑膠製，領子拼接縫合處有補強，並加上護肘，使用強韌的棉質製作等等，也稱為**橄欖球運動衫（rugby jersey）**。

牧童衫
gaucho shirt

模仿南美洲牧童穿著的服裝所製成的套頭式襯衫，從1930年代開始流行，有針織或是布製的領子。

巴斯克衫
basque shirt

船型領(p.9)、橫條紋的厚棉T恤，袖子像是隨興剪裁而成的九分袖。起源學説以西班牙巴斯克地區漁夫穿著的工作服較為有力。畢卡索和尚保羅高緹耶喜歡穿著而廣為人知，法國海軍也使用巴斯克衫當作制服。海洋風穿著的代表性單品之一。廣為人知的品牌有ORCIVAL。

庫爾塔衫
kurta shirt

巴基斯坦到印度東北部地區的男性傳統上衣，或是指模仿這種服裝製成的上衣。多半是套頭式長袖，領子為較小的立領，整體輪廓寬鬆。

魯巴席卡衫
rubashka

身體部分很寬鬆的套頭式俄羅斯民族服裝。領子和袖口有俄羅斯風格的刺繡，領子為立領，很多會在領子中間用鈕扣固定，穿著時會加上裝飾用繩線和腰帶。也寫作**魯巴休卡衫**。

連帽上衣
hoodie

在頸部部分連有帽子的
上衣。

軍隊毛衣
army sweater

預想在軍隊裡能加以運
用的強韌毛衣，設計樣
式多半是套頭式，在肩
膀和手肘處還會加上補
強用的補丁。也稱為**突
擊隊毛衣（commando
sweater）**或是**戰鬥毛
衣（combat sweater）**。

漁夫毛衣
fisherman's sweater

在北歐、愛爾蘭和蘇格蘭的漁夫當作工作服穿著的
厚毛衣，特徵是模仿漁具纜繩和漁網的繩狀編織花
紋，基本上多為單色。像是繩線交叉一樣的立體編
織，能內夾空氣，因此防寒效果高、撥水性強。阿
倫群島漁夫的毛衣稱為**阿倫毛衣（aran sweater）**，
也是漁夫毛衣的別名。據說複雜的編織花紋在發生
事故的時候，也有識別身分的功用。根西島的**根西
毛衣（guernse sweater）**也很有名。

謝德蘭毛衣
shetland sweater

使用位於蘇格蘭北部的謝德蘭群島當地所生產的羊
毛（謝德蘭羊毛）製作而成的毛衣，或是指仿造其的
毛衣。謝德蘭群島的羊生活在嚴寒、高濕度環境，
飼料加了海藻等，因此能得到具有稍微刺癢的獨特
膚觸、輕而保濕性高的羊毛，取作謝德蘭羊毛。純
種的謝德蘭綿羊能取得的羊毛很少，同一種謝德蘭
綿羊有各式各樣的天然顏色，白色、紅色、灰×茶
色、淺茶色、茶色、灰色等等，分成11種顏色。也
稱為**謝德蘭羊毛衣**。

震教徒毛衣
shaker sweater

粗針編織（low guage）
的凹凸條紋編織毛衣，
多指設計簡單的毛衣。
震教徒使用沒有裝飾、
整潔的生活用品，震教
徒毛衣起源於震教徒自
己編織的簡單毛衣。

巴魯奇毛衣
bulky sweater

用粗毛線編織而成的粗
針厚毛衣等針織衫的總
稱。bulky是「體積龐
大」的意思，漁夫毛衣
也是其中一種。

蒂爾登毛衣
tilden sweater

在 V 領領口、袖口和下襬，各加上一條或是複數條狀粗線條的毛衣。原本是麻花編織（p.164）的厚毛衣，為了方便活動、讓能穿著的季節變得更廣，也有很多蒂爾登毛衣會做得較薄。這是從以前就有的樣式，因此容易強調出傳統感和運動感。最近 V 領開得較大的設計也變多了。也有看起來像是較幼稚的缺點。也稱為**網球毛衣**（tennis sweater）、**板球毛衣**（cricket sweater）、**網球針織衫**（tennis knit）、**板球針織衫**（cricket sweater）等等。

蒂爾登針織外套
tilden cardigan

在 V 領領口、袖口和下襬，各加上一條或是複數條狀粗線條的毛衣。原本是麻花編織的厚毛衣，為了方便活動、讓能穿著的季節變得更廣，也有很多蒂爾登針織外套會做得較薄。蒂爾登這個名稱來自於美國名網球選手威廉・蒂爾登，他喜歡穿著這種毛衣。這種毛衣特徵是有粗線條的裝飾，有粗線條裝飾的針織背心、毛衣等也稱為蒂爾登。也使用在制服上，也有看起來像是有點幼稚的缺點。

考津毛衣
cowichan sweater

加拿大溫哥華島的原住民考津人穿著的毛衣，特徵是領子為較小的披肩領（p.23）、使用以動物和大自然為主題的圖案和幾何學圖案。原本使用不去除油脂的毛線和美國杉樹的樹皮纖維製成，因此不但能防寒，撥水性、防水性也很高，但是現在市售的考津毛衣幾乎都使用脫脂羊毛為原料。加拿大的認定基準為使用非脫脂羊毛、自然的色調、手工紡織的粗羊毛線、老鷹和杉樹等傳統圖案、簡單的一行下針一行上針織法（p.164）等，必須滿足這些條件。

針織外套
cardigan

用毛線編織而成，前方可以打開、主要用鈕扣開合的上衣總稱。英文名稱來自於設計出這種樣式的卡迪甘伯爵。

波麗露外套
bolero

衣長短、沒有門襟或是前襟不閉合的女性用上衣。波麗露原本是西班牙舞和其音樂的意思。鬥牛士的外套也是典型的波麗露外套。

平口胸罩
balconette bra

指包覆胸部下半部的半圓狀胸罩。具有很強的托高效果，適合胸部較小的人穿著。

低胸胸罩
plunging bra

中間部分開得較低的胸罩，適合搭配胸口開得較低的衣服。從下方支撐胸部，因此也會強調乳溝。名稱的plunging是「投入、跳入」等的意思。

半罩式胸罩
demi-cup bra

胸部包覆面積只有約一半（～3/4）的胸罩，和半罩杯胸罩（half cup bra）幾乎同義。

框架胸罩
shelf bra

胸部包覆的面積約 1/4 的胸罩，不包覆胸部上方，而是從下方支撐。也稱**無杯胸罩（cupless bra）**、**露胸胸罩（open cup bra）**、**四分之一胸罩（quarter bra）**。

法式胸罩
bralatte

無鋼圈的三角胸罩。比較沒有壓迫感，穿起來很舒服，因為布的面積較廣，常會使用裝飾性高的蕾絲素材和設計性高的布料製作。

運動胸罩
sports bra

避免運動時胸部搖晃的胸罩，有各式各樣不同的款式，例如形狀像是剪掉胸下部分的坦克背心型、肩帶（strap）在背後交叉的類型等等，重視固定性，使用吸汗、速乾的材質製作，顏色變化也很豐富。

調整型內衣
bustier

bustier原本的意思是胸罩和束腰（p.50）合為一體的女性用內衣，現在也指形狀類似的上衣。

背心連身睡裙
baby doll

從胸部開始，越往下襬越開闊的睡衣（就寢用的衣服）、女性內衣（內衣、居家服、睡衣）。

細肩帶連身睡褲
teddy

指細肩帶上衣和內褲合為一體的女性內衣。上半身改成胸罩的性感款式也很常見。

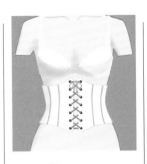

束腰馬甲
corset

原本是為了修正體型的內衣，穿著目的是希望能讓腰部看起來更細，達到強調胸部和臀部的效果。現在除了時尚目的以外，也使用做為醫療用腰部護具。corset是法文，英文名稱寫作 **stays**。

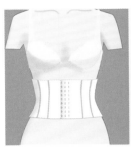

束腰
waist nipper

原本是為了修正體型的內衣，穿著目的是希望能讓腰部看起來更細，達到強調胸部和臀部的效果。和束腰馬甲比起來，伸縮性較高，用鉤子或拉鍊固定，穿脫較為容易。

襯裙
petticoat

穿在連身洋裝和裙子裡面的襯裙，能讓裙子更平整、更滑順。讓輪廓變得更一致、裙子變得更膨，還有，穿在材質薄透的裙裝下，能防止透光。

襯裙褲
pettipoats

穿在連身洋裝和裙子裡面的襯裙褲，能讓裙子更平整、更滑順。讓輪廓變得更一致、裙子變得更膨，是襯裙的褲子版。使用不容易產生靜電的材質製作。

襯褲
drawers

長度約到膝蓋上方的女性用內褲，整體輪廓寬鬆，越往褲腳越窄。19世紀初期的歐洲，隨著裙子的長度變短，為了避免別人看到腿部而開始使用。當初為了方便上廁所，胯下部分會挖洞，現在則變成裝飾性高的襯褲，在蘿莉塔時尚穿搭中可以看到，因為會露出來，多半會加上蕾絲和荷葉邊等。日本稱為 **短襯褲**。

帕尼爾襯裙
panier

穿在裙子和洋裝裡面，為了讓裙子變得更蓬、更漂亮的內搭襯裙。使用化學纖維製成的網紗縮縫增加厚度，內側會碰觸到肌膚的部分則使用膚觸良好的布料。現在除了當作婚紗禮服的襯裙以外，也用在蘿莉塔時尚穿搭和舞台服裝上。裝飾性較高的帕尼爾襯裙，是因為某種程度上會露出來而製作的。

臀墊
bustle

穿在裙子裡面，突出於腰部後方的臀墊、襯墊，能創造出臀部的圓潤感，相對地強調出腰部的纖細，讓身體線條看起來更漂亮。初期使用鯨魚骨製作，後來則使用鋼絲和木頭製作。現代穿著婚紗禮服時也會用得到。有**狐狸尾巴**（fox's tail）等多種別稱，bustle在英文中是「熱鬧和活力」的意思。

長襯褲
pantalettes

有裝飾的褲裝類女性用內衣，從裙子下襬可以看到荷葉邊。19世紀前半到中期，穿在裙子和連身洋裝裡面。長度較長，甚至有長至腳踝的長襯褲。

克里諾林裙撐
crinoline

為了讓裙子蓬起的內衣，主要在1840年代到1860年代使用。當初是使用較硬的布加上馬尾毛織成的襯裙，後來為了不用穿多層襯裙，而使用鯨魚鬚和金屬線製作成半圓形，特別強調後方的膨起。據說名稱起源於拉丁文「crinis」，意思是毛。

直筒裙
straight skirt

輪廓線條從腰部到裙襬呈一直線的裙子。

腰部飾裙裙子
peplum skirt

在腰線以下加上荷葉邊或皺褶裝飾的裙子。腰部的皺褶裝飾稱為腰部飾裙，在上衣中(p.41)也可以看到，能隱藏身體輪廓，給人腰部很細的想像。

排扣裙
button down skirt

採取正面打開的方式，從腰部到下襬都用連續鈕扣固定的裙子。

拼接裙
paneled skirt

在裙子加上其它布料或在同一塊布料裝飾的樣式。不只是將花紋、顏色、不同質感的布料組合在一起，還可以製造出透膚效果等等，變化多樣。有時候也指用碎布拼接而成的裙子。

多層裙
tiered skirt

重疊數層皺褶或荷葉邊裝飾的裙子。重疊的層數有多種變化，有的裙子每一層會使用不同顏色，或只在裙襬等裙子的一部分加上荷葉邊。多層裙能製造出份量感和改變體型輪廓。

百褶裙
pleats skirt

為了製造出裙襬開闊的立體感、提高活動性，將縱向皺褶(百褶)以摺疊起來的形式，重複排列而成的裙子。同時具有傳統感和休閒隨興感，也可以強調可愛和整齊乾淨的感覺，常使用在學校制服上。依百褶的種類和數量不同，有箱褶、風琴褶等多種種類，依百褶的位置不同，也有側邊百褶裙、後百褶裙等不同稱呼。

蘇格蘭裙
kilt skirt

用蘇格蘭格紋(p.148)布做出皺褶纏在腰上，用皮帶或別針固定的包裹式裙子。原本是蘇格蘭男性的傳統服裝，穿著時也不穿內褲。英文也稱為**feileadh beag**。

約克裙
yoke skirt

在臀部附近有像是約克（軛，古時扼住牛、馬脖子的曲木）形狀拼接的裙子。

圓裙
circular skirt

使用大量布料製作的裙子，裙襬攤開幾乎會變成一個圓形。如果使用柔軟的布料，能產生柔美的飄動，因此常使用在舞蹈服裝上，表現出優雅又可愛的感覺。

荷葉裙
flared skirt

裙襬開闊呈牽牛花狀，打褶製造出波浪狀輪廓的裙子。給人輕柔、有女人味、可愛的印象，但是裙子很具份量感，搭配時和上衣的比例平衡很重要。

花朵裙
blooming skirt

荷葉裙的其中一種。使用較柔軟的布料製作而成，輪廓像是綻放的花朵。大多是迷你裙到中長裙的長度，較少做成長裙。

多片裙
gored skirt

數片梯形或三角形的布片拼接而成的裙子，能製作出從腰部到裙襬和緩地變得開闊的輪廓。有時會以拼接的布片數量區別，例如用四片拼接就稱為四片裙（four gored skirt）。

反百褶裙
inverted pleats skirt

像是把箱褶翻面一樣，折山往內的百褶裙。這種百褶稱為反百褶。

傘裙
umbrella skirt

輪廓像是打開的傘的裙子，特徵是越往裙襬越有份量感。這是多片裙的一種，也稱為**陽傘裙**（parasol skirt）或叫做**降落傘裙**（parachute skirt）。

拉夫裙
ruffled skirt

加了皺褶裝飾的裙子，也可以稱為荷葉邊裙，但是這種裙子的皺褶裝飾通常較大、較柔美。

緊身裙
tight skirt

輪廓線條貼著腿型的裙子，從腰部到裙襬都很貼身。大致包括了**鉛筆裙**（pencil skirt）、**窄裙**（narrow skirt）、**圓筒裙**（tube skirt）、**細身裙**（silm skirt）以及**貼身裙**（sheath skirt）等。

霍布裙
hobble skirt

從膝蓋到裙襬會漸漸變窄的裙子，因為裙襬寬度窄，步行很困難，英文的hobble就是步履蹣跚的意思。於1910年代流行一時。

針織貼身裙
jupe-chausettes

像是襪子一樣貼身的裙子。法文中jupe是裙子的意思，chausettes是襪子的意思。這種裙子裙長多半較長，也多半是針織布料製成。

錐形裙
tapered skirt

輪廓線條從腰部附近到裙襬漸漸變細的裙子。

梨型陀螺裙
peg-top skirt

上部膨大，越往裙襬越窄的裙子。peg-top的意思是「西洋梨或山竹形狀的陀螺」。膨大的位置比桶狀裙高一點。

桶狀裙
barrel skirt

腰部貼身、臀部附近寬鬆，越往裙襬又變得越窄的裙子。名稱barrel是中間粗兩端細的大桶的意思，膨大的位置比梨型陀螺裙低一點。

安菲拉裙
jupe amphore

腰部窄，往下則變得圓潤開闊，裙襬處又縮緊的裙子。名稱叫安菲拉（amphore）指的是古希臘羅馬時代的瓶子，瓶子頸部有兩個把手，因為裙子形狀相似而取了這個名字。

繭型裙
cocoon skirt

輪廓圓潤的裙子，使用打褶等手法，讓腰部附近變得寬鬆。cocoon是繭的意思，體型不會顯現出太多，雖然腰部較緊，但仍然有空間，方便活動而且能展現出高貴的感覺。

信封裙
envelope skirt

包裹式裙子（纏繞式裙）的其中一種，裙子像是要包覆腰部周圍一樣，在前方交叉，裙襬前端不重疊，因此看起來像是鋸齒狀。envelonpe是信封的意思，因為裙子包裹起來的形狀像是信封而取了這個名稱。

氣球裙
balloon skirt

輪廓線條像是氣球的裙子，腰部和裙襬加上皺褶，讓裙子膨大成氣球形狀。

高腰裙
high waist skirt

腰線位置比一般裙子更高的裙子。也稱為**高腰線裙（high waist line skirt）**，穿著時腰部位置看起來會變高，而能讓體型看起來更纖細、腿看起來更長。

低腰裙
hip bone skirt

不是繫在腰部，而是掛在髖骨上的裙子總稱。有露出腰部強調性感，或是強調裙子長度很短的效果。也稱為**髖骨裙（hip hanger skirt）**。

褲裙
culotte skirt

像是褲子一樣，下襬分開的女性用褲裙，或是指輪廓寬鬆、下襬開闊，看起來像是裙子的五分褲。起源於19世紀後半，原本是為了騎馬時容易跨上馬背而製作的裙子，因此多半分類為裙子。culotte是法文，意思是五分褲。有的會製成包裹式褲裙，前面用布覆蓋，因此從正面看起來是裙子，從背面看則是褲子。

包裹式褲裙
wrap culotte skirt

前面覆蓋了布料的裙子（褲子），乍看起來像裙子，但下襬其實是分開的。正面看起來是裙子，從背面看則是褲子。

鬱金香裙
tulip skirt

形狀像是鬱金香花瓣的裙子。有的會像是氣球裙一樣，腰部下半部寬鬆，往下襬漸漸自然收緊，有的裙襬會像花瓣一樣，錯開不重疊。

喇叭裙
trumpet skirt

從腰部開始貼著身體曲線，中間加上皺褶、荷葉邊或百褶，讓裙襬變得開闊，製作出像是喇叭的輪廓。也稱為**百合裙**（lily skirt）。

魚尾裙
mermaid skirt

裙襬部分較開闊，因為像是人魚尾鰭部分展開的形狀，而取了這個名稱。現在裙長較短，但是下襬部分開闊的裙子也都稱為魚尾裙。

前短後長裙
fishtail skirt

正面的裙長比背面短，前後不對稱的裙子，可以表現出優雅的感覺。英文名稱來自於裙子形狀像是魚的尾巴，也叫**尾巴裙**（tail skirt）。

蝸牛裙
escargot skirt

重複螺旋狀拼接而成的裙子，讓人聯想到蝸牛殼。有的每個拼接都會變換顏色或材質，或是加上斜的百褶等等，設計的變化很豐富，屬於荷葉裙的其中一種。

雪紡裙
chiffon skirt

使用非常薄、具透明感平織布料製成的裙子，雪紡指的不是形狀而是材質。因為襯裡的材質薄到可以透出肌膚，因此多半會重疊多層雪紡布。chiffon是法文，原本是指碎部和抹布，在服飾領域則是指織得較粗的絲織品，現在的主流是使用薄嫘縈和尼龍等化學纖維紡織。

紗裙
tulle skirt

使用網紗蕾絲（主要是六角形細網紗加上刺繡的蕾絲／p.166），或是使用沒有加上刺繡的薄透網紗製成的裙子。因為材質薄透，一般都會重疊多層。紗裙給人膨鬆柔和的印象，同時也給人輕盈的感覺，能強調女人味和女孩感。芭蕾女伶穿著的裙子稱為芭蕾舞裙（p.58），但是使用網紗蕾絲製成的舞裙也稱為紗裙。

圍裙裙
apron skirt

雙層裙（穿在裙子或洋裝上的裙子）的其中一種，指看起來像是繫了圍裙的裙子。胸前有布片的吊帶背心裙（p.68）也稱為圍裙裙。

前蓋裙
flap skirt

像是要蓋住口袋一樣，將較大塊的布纏繞在腰部周圍的雙層裙。使用於龐克風格穿搭等，不被當作裙子，也單稱為**前蓋（flap）**。

紗籠
sarong

像是將布纏繞在身上的筒狀裙子。原本是在東南亞地區，不分男女都會穿著的腰布，現在也指模仿其樣式製作出的裙子。也能表現出度假氛圍、東方風味和異國風情。

垂墜裙
draped skirt

由鬆弛、垂墜的布料製成的裙子，輪廓和設計上用像是流水一樣的皺褶（drape）製成。布料本身的重量和柔軟感能強調出優美的感覺。

帕里歐裙
pareo skirt

大溪地民族服裝的其中一種，纏繞在腰上穿著的裙子，多半穿在泳裝外面。源自於大溪地的民族服裝[pareo]，也很常單寫作**帕里歐**。

帕鄔裙
pa'u skirt

跳夏威夷民族舞蹈呼拉舞時穿著的裙子，腰部會加上數條鬆緊帶，很具有份量感的皺褶裙。帕鄔在夏威夷語中是裙子的意思。也會單稱呼為**帕鄔**。

籠基
longyi

緬甸的傳統纏繞式裙子，不分男女都會在日常生活中穿著，也指製作這種裙子的布。穿著時腳穿過筒狀的布，左右兩側的布拉緊，在腰部打結固定。男性多半將布結打在正面，女性則多半將布結打在左右兩側。女性用的籠基稱為**特敏（htamein）**，男性用的稱為**巴索（pasoe）**，插圖為男性用的籠基。通常上半身會穿稱為燕基的罩衫上衣，顏色和使用的花紋圖案依職業、民族制定。

吉普賽裙
gypsy skirt

吉普賽人的女性穿著的裙子，裙長較長，皺褶和荷葉邊較多，分成多層。構造像圓裙（p.53）一樣可以攤開，也常在肚皮舞表演時穿著。

桑博特裙
sampot

柬埔寨高棉人的民族服裝，特徵是下半身纏繞穿著長方形的深色底白花紋絲織布料，不分男女都會穿著，根據纏繞方式不同，有的看起來會像是裙子，有的看起來會像是褲子，有多種變化。

韓服長裙
chima

朝鮮女性的民族服裝，從胸部長到腳踝處的裙子。搭配稱為jeogori的短上衣，穿成整套的韓服（chima jeogori）（p.77）。

啦啦隊裙
rah-rah skirt

加上較大皺褶裝飾的裙子，多為迷你裙，做為啦啦隊員穿著的裙子而廣為人知，流行於1980年代。啦啦（rah-rah）一詞源自於「rah」，是表現加油心情的詞語「hurrah」簡稱。

網球裙
skort

指運動用的短裙，在日本主要是打網球時穿著。在歐美則是指有像是前蓋的裙子，前蓋是覆蓋住短褲正面（周圍）的裙子形狀布片，還有，也指有打褶的迷你褲裙。順帶一提，under skort指的是穿在運動用迷你裙裡面的內搭短褲。

芭蕾舞裙
tutu

芭蕾女伶穿著的裙子，從腰部開始就很開闊，或是模仿其樣式製成的裙子。裙長較短、兩側上翹的形狀稱為**經典芭蕾舞裙**（tutu classic），裙長到腳踝的釣鐘型長裙則稱為**浪漫芭蕾舞裙**（tutu romantic）。

箍環裙
hoop skirt

像是雨傘一樣，使用箍架（hoop）撐開的裙子總稱。中世紀以後的上流階級所穿著，據說原本是為了在尚未建立衛生廁所文化的時代，隱藏站著排尿的動作而產生的設計。

褲子

工作褲
cargo pants

工作用的褲子，以貨船（cargo）工人過去常使用的厚棉布製作而成。兩側有口袋。

Back

畫家褲
painter pants

油漆師傅穿著的工作用褲子，特徵是加了鐵槌吊環（吊鐵鎚的圓圈布條／p.139）和貼式口袋等等。因為是工作用的褲子，會使用丹寧布或丹寧直條紋（p.158）等強韌的布料製作，整體輪廓有些寬大。

麵包師傅褲
baker pants

麵包師傅（baker）穿著的褲子，腰部周圍加上了平面的大口袋。多半是卡其色，整體輪廓寬鬆，褲襠較深。

卡其褲
chino pants

用卡其布製成的褲子。卡其布是指厚的棉質斜紋布，顏色主要是卡其色和米白色。起源於英國陸軍的卡其色軍裝和美國陸軍的工作服。

丹寧褲
denim pants

用斜紋織（p.165）的丹寧布製成的褲子。

未加工丹寧褲
rigid denim

指未脫漿的未水洗（no wash）丹寧褲，沒有經過破壞加工和水洗防止縮水的防縮加工，raw denim和rigid denim相同，都是指未加工丹寧褲的意思。

男友丹寧褲
boyfriend denim

直筒丹寧褲，整體輪廓像是向男友借來的一樣寬鬆，像是為了調整長度而捲起褲腳的穿法很常見，搭配得巧妙反而能突顯出可愛感。

緊身褲
skinny pants

緊貼著腿，整體輪廓較窄的褲子。

叢林褲
bush pants

是工作用褲子的其中一種，為了避免褲子被草叢、樹叢(bush)勾住，將口袋配置於前方和後方，而不是側面。多半有蓋式口袋，使用厚棉布等強韌的材質製成。

棒狀褲
stick pants

像是細長棒子(stick)的貼身直筒褲。多半指不強調褶線、設計俐落的休閒西裝褲類。也稱為**棒狀線條褲(stick line pants)**。

低腰牛仔褲
low-rise jeans

指從胯下到腰部長度很短(即褲襠很淺)的丹寧褲，也稱為**低腰丹寧褲(low-rise denim)**，和**髖骨褲(hip hanger)**幾乎是相同的意思。褲襠深，但是皮帶位置低的設計也稱為低腰設計。

高腰褲
high waist pants

褲襠比一般褲子深的褲子，很多設計會強調腰部的曲線，穿著時腰線看起來會變高，因此具有讓體型看起來纖細、腿看起來更長的效果。

水手褲
sailor pants

腰部貼合，腿部寬鬆，褲管往褲腳會慢慢變得開闊。前方的開口用鈕扣扣起固定。源自海軍水手的制服。又叫**航海褲(nautical pants)**。

靴型褲
bootscut pants

褲管越往褲腳越開闊的褲子，這種樣式有很多名稱，也稱為**小喇叭褲(flare pants)**、**潘塔龍褲(pantalon)**。褲腳較小的稱為靴型，而褲腳開闊較大的稱為**鐘型褲(bell-bottoms)**。

高彈性褲
goa pants

指使用萊卡(彈性纖維spandex)布料製成的褲子，萊卡布料的伸縮性高、膚觸良好，做瑜伽等運動時常會穿著。很多腰部為V字形，大腿部分緊貼著腿，褲管越往褲腳越開闊。

煙管褲
cigarette pants

形狀像是紙捲煙一樣的細長筒狀直筒褲。貼身但沒有緊到貼著肌膚，因為形狀是一直線，因此具有讓腿看起來更長的效果。主流是長褲，但是市面上也有七分長褲腳剪裁褲(p.66)類型的煙管褲。

內搭褲
leggings

使用具有伸縮性的布料製作而成，緊貼著腿，覆蓋到腳踝的褲襪狀褲子。和貼身內搭褲幾乎是相同的意思，本來是指短的綁腿。

丹寧內搭褲
deggings

使用具有伸縮性的丹寧布，或是印染成丹寧風格的布料製作而成的內搭褲。

外穿內搭褲
pants leggings

外觀像緊身褲（p.59），但是具有伸縮性，穿起來很舒適的內搭褲。內搭褲給人的感覺較像內衣類，但是外穿內搭褲外觀看起來可說是貼身的一般褲子，穿起來的感覺卻接近內搭褲。

牛仔內搭褲
jeggings

由牛仔褲（jeans）和內搭褲（leggings）組合而成的詞語。像是內搭褲一樣，使用具有伸縮性的布料製成，特徵是前方開口用鈕扣或拉鍊開合。也可以説是使用丹寧內搭褲的丹寧布料，結合外穿內搭褲的構造製成的褲子。

踩腳內搭褲
trenca

緊貼著腿，像是褲襪一樣的內搭褲，腳底加上馬鐙狀的布（勾在足弓上的部分）。包覆到腳趾的稱為褲襪，踩腳內搭褲也可以説是露出腳趾和腳跟的褲襪。

踩腳褲
stirrup pants

指腳底加上了馬鐙狀布的褲子，踩腳內搭褲也是踩腳褲的其中一種。stirrup是指馬鐙。

夫佐褲
fuseau

是緊貼著腿的窄管褲，源自於滑雪用的褲子。fuseau是捲紗線器、紡錘的意思。有些也會加上了馬鐙狀布條做成踩腳樣式。

綁腿褲
tethered pants

從膝蓋或是小腿附近到褲腳都用繩線纏繞的褲子。tethered是「用繩索或鐵鍊綁起來」的意思。在現代也常指膝蓋以下縮緊的輪廓。

束口褲
ankle tied pants

腰部周圍較寬鬆，褲管往下漸漸變窄的褲子，腳踝處纏繞上皮帶等，或是用繩線、鬆緊帶縮緊。ankle是「腳踝」的意思。

騎馬褲
jodhpurs pants

使用於騎馬的褲子，為了方便活動，膝蓋以上寬鬆或是具有伸縮性，膝蓋以下則是以要再穿上靴子為前提，輪廓縮緊。也很常單寫作**馬褲**（jodhpurs）。在日本有時也廣泛指類似膝蓋以下也很寬鬆的飛鼠褲（p.64），主要差異在於騎馬褲的褲襠沒有降低，而飛鼠褲的褲襠很低。

拼接褲
breeches

breeches的意思是馬褲或五分褲，而大腿部分較為寬鬆（或是具有伸縮性）的騎馬用五分褲則稱為**騎馬拼接褲**（**riding breeches**），原是中世紀時，男性在宮廷穿著的較長短褲。

邦巴恰褲
bombacha

南美洲從事畜牧業的牛仔（牧羊人）所穿著的一種工作服，特徵是為了方便活動，大腿附近較寬鬆，越往腳踝變得越緊。腰部多半會繫上較寬的腰帶。

牧童褲
gaucho pants

南美洲牛仔穿著的寬鬆七分褲，褲腳開闊，現在都使用輕薄柔軟的布料剪裁，女裝的牧童褲因而變得優雅。

裙褲
skants

指乍看下像是裙子的褲子。和使用柔軟布料製成，看起來像是裙子的**寬裙褲**幾乎是相同的意思。多半指褲腳較為開闊、褲長較長的褲子。

短裙褲
skapan

外觀看起來是裙子，但是內層分成兩個褲管，讓雙腳穿過的褲子。也有很多是在裙長較短、裙襬開闊的裙子裡，加上內搭褲避免他人看到內部。

七分寬褲
pantacourt

長度短，褲腳較開闊的褲子。

長寬褲
palazzo pants

褲腳開闊、長度較長的寬褲。很多褲管越往褲腳會變得越開闊，輪廓寬鬆而輕盈，活動起來給人優雅的感覺，乍看像是裙子。

包裹式長褲
wrap pants

纏繞穿著、開口在正面閉合的褲子。輪廓多半乍看像是裙子，寬鬆而方便活動。

牛津寬褲
Oxford pants

褲襠深、從腰部到褲腳呈直線的寬鬆褲子。據說是1920年代牛津大學學生為隱藏被禁止穿著的尼克博克褲(p.65)而故意套上的。

球型寬褲
ball pants

寬褲的其中一種，給人寬大的印象，褲管中段寬闊，到褲管八、九分長處褲腳會稍微縮緊，帶有圓潤感。

袋型寬褲
baggy pants

寬褲的其中一種，像是袋子一樣(baggy)寬大的褲子，特徵是褲襠較深，屁股到褲腳使用極端的寬度製作，具有很能隱藏體型的優點。

安菲拉褲
amphora pants

整體輪廓讓人聯想到長型花瓶(amphora)的褲子，很多安菲拉褲雖然褲管窄，但是從膝蓋附近到大腿仍有少許空間，越往褲腳則越窄。

上寬下窄褲
slouch pants

輪廓特徵是大腿部分寬鬆，從膝蓋開始，越往褲腳越窄。可活動的部分很有空間，穿起來舒適、方便活動，但是因此看起來會有點邋遢。

懶人褲
easy pants

寬鬆舒適的褲子總稱，腰部不用皮帶，而是用繩線或鬆緊帶稍微收緊穿著。做為度假服裝、家居服很受歡迎，適合不喜歡腰部有束縛感的人穿著。

慢跑褲
jogger pants

褲管越往褲腳越窄的褲子，長度到腳踝，褲腳用羅紋編織或鬆緊帶等縮緊。使用柔軟的布料製作，能讓穿了慢跑鞋的腳看起來更美麗。一般做為細針織材質的健身褲而為人所知。

梨型陀螺褲
peg-top pants

屁股附近寬鬆，褲管越往褲腳越窄的褲子。名稱peg-top是「西洋梨或山竹形狀的陀螺」的意思。

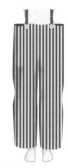

小丑褲
clown pants

腰部寬鬆，用吊帶吊起的褲子，小丑（clown）常穿著。也稱為**阻特褲**（**zoot pants**）。

扣帶褲
bondage pants

龐克時尚中代表性的褲子，膝蓋部分用皮帶連接，看起來很難活動，以強調出拘束感、束縛感。以紅色基底的格紋和黑色較具代表性。

低襠褲
low crotch

將褲襠處（crotch）降低（low）的褲子。隨著材質和樣式不同，會用**低襠丹寧褲**、**低襠緊身褲**等不同名稱加以區別。

飛鼠褲
sarrouel pants

特徵是膝蓋以上寬鬆，褲襠垂得很低。和薩爾瓦褲有些相同，腳踝附近貼得很緊，原本是胯襠以下不分開，只開了讓腳可以穿過的洞。

薩爾瓦褲
shalwar

褲子特徵是膝蓋以上寬鬆，褲襠則垂得很低。巴基斯坦的民族服裝。因1980年代歌手ＭＣ哈默（MC Hammer）曾經穿過而出名，和飛鼠褲沒有分別，又叫**哈默褲**（**hammer pants**）。

※在印度稱為沙爾瓦褲。

阿拉丁褲
aladdin pants

特徵是膝蓋以上寬鬆，褲襠垂得很低，從腰部到腳踝形狀都很寬鬆開闊。和飛鼠褲很類似。

哈倫褲
harem pants

輪廓寬鬆，腰部附近加上大量皺褶，褲子長度到腳踝，褲腳縮緊。在肚皮舞的服裝上可以看到，有的哈倫褲會使用半透明的材質製成。

多帝褲
dhoti

印度教男性用的腰布，將一大片布繞過胯襠穿著。印度和巴基斯坦地區的民族服裝，和稱為庫爾塔襯衫(p.46)的無領上衣搭配穿著。

海盜褲
pirate pants

大腿部分寬大蓬鬆，膝蓋以下縮緊或是纏緊、線條細長。形狀方便活動，讓人聯想起海盜的褲子。法文叫做**柯賽爾褲**(corsaire pants)。

佐亞夫褲
zouave pants

長度到膝蓋以下或是腳踝，褲腳縮緊的寬鬆褲子。模仿1830年佐亞夫軍穿著的制服製成，佐亞夫軍是由阿爾及利亞人和突尼西亞人組成的法國陸軍步兵隊。

尼克博克褲
knickerbockers

長度到膝蓋下的褲子，褲腳處有皺褶，用繩帶(strap)等綁緊固定。褲腳的形狀做為自行車用褲樣式而變得普及。在日本，工程現場的作業員也會穿著，但褲子長度較長。

雙層褲
double layered pants

長度不同的褲子重疊穿著，或是外觀製作成像是雙層的樣子。

不收邊褲
cut off pants

給人剪掉了褲腳印象的褲子，長度不限定。將褲腳剪去後很多就不收邊，讓切口的線直接散成流蘇(p.143)狀。

七分褲
three quarter pants

指長度約到膝蓋下緣處（七分長）的褲子，英文的three quarter是四分之三的意思。多半做成運動和休閒服裝，細針織材質的七分褲在運動褲中很常見。

褲腳剪裁褲
cropped pants

長度約七分長，設計上像是剪去膝蓋以下褲管的褲子。不收邊褲的其中一種，和卡普里褲、莎賓娜褲、七分寬褲很類似。

卡普里褲
capri pants

長度約在膝蓋下緣到小腿中段之間，窄管貼身的褲子。流行於1950年代，名稱的由來是源於義大利的度假勝地卡普里島。長度較長的稱為莎賓娜褲。

莎賓娜褲
sabrina pants

長度約在小腿中段到腳踝上緣之間，約八分長的窄管褲。有比卡普里褲略長的傾向，因為電影《龍鳳配》（原名：《Sabrina》）的主角演員奧黛麗·赫本曾經穿著，而取作此名。

卡里普索褲
calpyso pants

長度約為七分長的窄管褲，具有度假感。卡里普索是加勒比海千里達島上流傳的民族音樂，卡里普索褲模仿用卡里普索音樂跳舞時當地原民穿著的褲子，有的褲腳會開衩。

撿蚌褲
clam diggers

長度約到小腿附近的褲子。名稱的由來是海浪退潮時撿拾貝類時會穿剪裁得較短的丹寧褲。clam是蛤蜊、文蛤等食用蚌類。

自行車褲
pedal pants

長度約六分長的褲子，整體輪廓窄細，但是仍有一些空間方便活動。原本是騎自行車的時候用，為了便於踩自行車踏板而製成。

斯德德可褲
steteco

原本是穿在褲子裡面，長度約到膝蓋下緣的內搭褲。和棉質四角內褲或內搭長褲的差別在於斯德德可褲寬度較寬，不緊貼著肌膚。除了吸汗、防寒以外，還能夠減低摩擦。最近也當作家居服使用。

立德后茲褲
lederhose

提洛爾地區男性穿著的褲子，指附有肩帶的皮製半短褲。

三分褲
quarter pants

長度大概到大腿（二分長到三分長）的褲子，quarter是四分之一的意思。多半做成運動服裝和休閒服裝，細針織材質的三分褲在學校體操服中很常見。

百慕達褲
bermuda pants

長度約到膝蓋上緣的褲子，褲管多半比五分褲稍窄一些。名稱的由來是據說人們在百慕達群島度假的時候會穿著這種褲子。

拿騷褲
nassau pants

長度約在大腿到膝蓋之間的褲子，長度比牙買加褲長，又比百慕達褲短，這些短褲全部都稱為島嶼短褲，主要在夏天的度假勝地穿著。

牙買加褲
jamaica pants

長度約到大腿中間的褲子，褲腳較窄，在夏天的度假勝地穿著。名稱的由來是人們在西印度群島的度假聖地牙買加度假的時候，會穿著這種褲子。

廓爾喀褲
gurkha shorts

褲襠較深的短褲，腰部會加上較寬的腰帶。起源是19世紀廓爾喀軍穿著的制服短褲，廓爾喀軍是屬於大英帝國的印度軍隊。1970年代後，在美國做為戶外運動服裝而普及。

熱褲
hot pants

長度極短的短褲，多半以很貼身的尺寸穿著。

體操褲
bloomers

整體上是短型又貼身的短褲，現在指女性運動時穿著的短褲，也當成排球選手和田徑選手的制服使用。

連身服裝

連身褲裝
combinaison

指有袖子的上衣和褲子連在一起的組合。不過在現今的時裝中，所有上衣和褲子連在一起的服裝，即使上衣沒有做袖子，也會叫做**連身褲**（combination）。

連身裝
roompers

上衣和下半身服裝連在一起的服裝。原本是指嬰幼兒遊戲用的服裝，現在有時也指上下成套的服裝，本來是指連身的服裝。

凱沙爾連身洋裝
cache coeur one-piece

指門襟像是將身體包裹起來的連身洋裝，胸口的形狀像是和服一樣，用繩線、緞帶、鈕扣、別針等固定，名稱的cache是隱藏的意思，coeur是心臟的意思，合起來是「蓋住胸部」的意思。

查爾斯頓洋裝
charleston dress

在較低的腰線位置拼接的連身洋裝，多半會加上圓珠和垂墜設計等裝飾。名稱來自於1920年代，美國流行的查爾斯頓舞。

襯衫式連身洋裝
shirt dress

形狀像是將襯衫或罩衫長度拉長的連身洋裝。多半有襯衫領和較長的門襟，有的也會加上較多的活褶和百褶。別名又叫**襯衫式洋裝、襯衫腰線洋裝**（shirt waist dress）。

長上衣
tunic

指較長的上衣，或是較短的連身洋裝，長度約在腰部到膝蓋之間。

吊帶背心裙
jumper skirt

穿在襯衫或罩衫外面，將沒有袖子的上半身和裙子連接在一起的連身洋裝。

全身裝
all-in-one

上下連接在一起的服裝總稱，等於是連身裝。all-in-one的意思是合為一體。吊帶裙和吊帶褲以裡面會穿著上衣為前提，而全身裝則沒有這個前提。

吊帶褲
overall

吊帶裙
salopette

Back

高背吊帶褲
high back overall

Back

背交叉吊帶褲
cross back overall

胸前的布片以帶狀布條垂吊下來，像是連身洋裝的褲子和裙子。原本是穿在毛衣或襯衫外，防止弄髒的服裝，因此也會在可能會弄髒衣服時穿著，帶有工作服的意義。英文為overall，法文為salopette。鐵鎚環（p.139）和工具口袋等裝飾是工作服留下來的細節。常使用強韌的丹寧布製作，但是其他顏色和材質廣泛。適合所有體型，而且穿起來腹部不會有壓迫感，因此做為孕婦裝也很受到歡迎。

背部從屁股部分到肩帶的較高位置都合為一體的吊帶褲，原本是工作服，現在的高背吊帶褲不但能隱藏體型，同時穿起來也很有年輕可愛的感覺。

帶狀布條在背後交叉垂吊下來的吊帶褲。

涉水褲
wader

跳傘裝
jump suit

布袋洋裝
sack dress

通勤洋裝
shift dress

延伸至腰部或胸部的長靴，方便從事戶外運動和釣魚的時候，能走到水中工作。日文稱為**胴長靴**。長度能配合用途改變，因此也被當作長靴、長褲、吊帶褲等。

褲子和上衣連接在一起的服裝，大部分前面都做有開口。於1920年代是做為飛行服裝而面世，之後才變成降落傘部隊的制服。和all-in-one、combinaison、cover all的服裝幾乎是相同的意思。

腰部沒有拼接，像是圓筒的寬鬆圓筒形洋裝，sack是袋子的意思。因容易穿脫、方便活動和可以遮掩體型而很受歡迎，1958年開始流行於全世界。又叫**襯衣洋裝**（chemise dress）。

腰部沒有拼接，不強調腰部，輪廓幾乎是直線的洋裝。雖然和布袋洋裝幾乎是同樣的輪廓，但是比布袋洋裝有更貼近身體線條的傾向。

太陽洋裝
sundress

露出較多背部和肩膀的夏季用洋裝，因為會在大太陽下穿著，所以取作這個名稱。多會使用棉質等透氣性良好的布料，花色多是帶有清涼感的色調和印花。

穆穆洋裝
muumuu

夏威夷女性穿著的民族服裝之一，寬鬆的短袖長洋裝，腰部不會縮得太緊。多半是像夏威夷花襯衫一樣的高彩度鮮豔花紋，也會加上荷葉邊裝飾。

修女洋裝
innocent dress

源自於修道院修女穿著的服裝，洋裝特徵是白色的圍兜拼接(p.139)和立領(p.18)。

體操洋裝
gymslip

方領(p.10)和箱褶百褶裙的無袖長上衣(連身裙)，在女學生的制服上很常見。

緊身洋裝
sheath dress

廣義指輪廓細長、緊貼著身體的洋裝，不過其原意是指在胸部和腰部打了死褶(p.143)，短袖、長度約到膝蓋的貼身洋裝。sheath是劍鞘的意思。

帝國洋裝
empire dress

特徵是有寬大的領口和泡芙袖，現在一般是指腰部有拼接的連身洋裝和洋裝。白色、長度長的帝國洋裝也被當作婚紗禮服穿著。穿著時腰部位置看起來會變高，適合身材嬌小的人。

泡泡洋裝
bubble dress

特徵是外觀形狀像泡沫(bubble)一樣膨大，有整個圓潤膨大的款式，以及只有下半身打褶而變得膨大的款式等等。

圓筒洋裝
tube dress

輪廓看起來像是圓筒狀(tube)的貼身洋裝。

公主洋裝
princess dress

腰部沒有拼接的洋裝，只用縱向的拼接讓上半身合身、腰部到裙襬蓬鬆。輪廓本身稱為公主線剪裁，在外套等服裝上也可以看到，在婚紗禮服上也很常見，最近很多不是指拼接的位置和方法，而是指上半身合身、腰部以下開闊的洋裝。也稱為**公主線剪裁洋裝（princess line dress）**。

低胸晚禮服
robe décolleté

領口開得很寬大，露出大面積的頸部、胸部、背部且長度及地的洋裝。在晚禮服中最具代表性，現代已經不穿著大禮服宮廷禮服，因此低胸晚禮服被認為是最正式的禮服。基本上沒有袖子或是只有小片的袖子，多半會搭配戴上長度到手肘以上的長手套（歌劇手套／p.99）。穿著時不戴帽子，頭上如果有裝飾多半是配戴冠狀頭飾，在晚餐會、舞會和皇室活動時常會看到。

立領晨禮服
robe montante

女性在白天時最正式的禮服，是立領、長袖、不露出背部和肩膀的洋裝。穿著時戴帽子，拿著扇子並戴上手套是最正式的。montante是法語的「高漲、站立」的意思，指的是立領。

沙漏洋裝
hourglass dress

像是沙漏（hourglass）的洋裝。能強調胸部和臀部的豐滿以及腰部的纖細曲線等。另外，腰部縮緊的西裝等，也會用沙漏輪廓（hourglass silhouette）來形容。

魚尾洋裝
mermaid dress

膝蓋以上清楚展現出身體的曲線，膝蓋以下則加上荷葉邊或皺褶，讓裙襬變得開闊。輪廓稱為人魚線，也稱為**席連洋裝（sirène dress）**，法文中sirène有人魚的意思。

箍環洋裝
hoop dress

裙子部分內側加上環狀骨架的洋裝，讓裙子變成半圓形，裙襬開闊。

紗麗
sari

在印度、尼泊爾和孟加拉等地區的女性民族服裝，用寬度 1～1.5m 的長布將身體包裹纏繞而成。一般裡面會穿上喬麗(p.42)和襯裙，腰纏上約 5～11m 的布，剩下的布往肩膀繞。

旗袍
cheongsam

源於中國滿族人的傳統服裝，日本稱為**中國洋裝**（**china dress**）。長度較長的連身洋裝樣式，特徵是領子為立領、有較長的開衩。原本是輪廓寬鬆，上下分開的二件式服裝，隨著時代而演變成窄而貼身的連身洋裝，很多也會使用鮮豔的花紋和加上刺繡。旗袍能強調女人味和優雅感。

奧黛
áo dài

越南的民族服裝，特徵是長度長、加上很高的開衩。穿著時會搭配寬鬆的褲子，也有男性用的奧黛，原本每種顏色都代表不同意義，現在市面上也會販售各種顏色的奧黛。

德勒
deel

在蒙古不分男女都會穿著的民族服裝。領子為立領、門襟在左上（右前）閉合，和稱為旗袍的中國服裝很相似。

高加索地區的洋裝
Circassian traditional dress

高加索地區在婚禮等場合穿著的民族服裝。搭配圓筒狀的帽子，紅底和藍底加上華麗閃耀刺繡的樣式很常見。

庫爾塔裝
kurta

巴基斯坦到印度東北部的旁遮普地區男性所穿著的傳統服裝。套頭式長袖，領子為較細的立領上衣，整體輪廓寬鬆，其和長度在大腿到膝蓋附近的長上衣(p.68)很類似。透氣性良好，雖然覆蓋了全身，但是穿起來卻涼快舒適。加上褲子則稱為庫爾塔帕加瑪(kurta pajama)，據說是日文睡衣一詞的語源（註：因為長度長，因此分類在連身服裝），名稱也寫作khurta。

高格帝
gákti

拉普蘭地區原住民薩米人的民族服裝，拉普蘭地區位於現在斯堪地那維亞半島北部和俄羅斯北部。瑞典文為**柯爾特（kolt）**，用加上刺繡的緞帶裝飾，色彩豐富。男性穿著的高格帝比女性穿著的長度更短。

薩拉凡
sarafan

在俄羅斯主要是女性穿著，用帶狀布條垂掛的釣鐘型民族服裝，類似吊帶裙，穿在魯巴席卡衫（p.46）外。sarafan在波斯語中有「從頭到腳穿著」的意思。

蘇克曼
sukman

保加利亞女性所穿著像是吊帶裙的民族服裝，多半會搭配用帶子繫緊的圍裙。裡面穿的襯衣不是罩衫型，而是連身洋裝型的長上衣。

圍裙洋裝
pinafore dress

讓人聯想到圍裙的連身洋裝總稱。原本是穿在其他衣服外的家居服，現在較為人所知的是做為孩童服裝、女僕服、蘿莉塔時尚穿搭服裝。

卡米茲
kameez

阿富汗遊牧者的民族服裝。特徵是輪廓寬鬆、袖子寬大、腰部拼接位置偏高、加上刺繡和圓珠等鮮豔的裝飾。下半身會搭配穿著稱為巴爾圖各的褲子。

維皮爾
huipil

墨西哥和瓜地馬拉女性穿著的民族服裝，是以斗篷為原型製作的貫頭衣（布對折，將圓圈對準肩膀，開領口、留下袖口洞、其餘兩側縫合的衣服）。有的維皮爾也會有袖子和領子。

布布
boubou

是在馬利和塞內加爾等西非地區的貫頭衣民族服裝，不分男女都會穿著，使用長方形的棉質等布料，剪開讓頭穿過的開口，前後垂下，側面縫合固定。穿起來很透氣。

達斯基
dashiki

西非的民族服裝，寬鬆的套頭式服裝，主要是V字形領口，會在領子和下襬周圍加上刺繡，使用鮮豔多彩的配色。

巴伊亞地方的洋裝
bahian dress

巴西的巴伊亞地區（薩爾瓦多）穿著的民族服裝。多半是白色基調搭配鮮豔色彩，會搭配戴上像是特本頭巾的帽子以及飾品。

卡夫坦
caftan

中亞等伊斯蘭文化圈穿著的服裝。長度長、長袖、剪裁幾乎是直線，基本上前面有開口，穿著方法多樣，有的會纏繞上腰帶等等，有的會在門襟部分加上民族風刺繡。

艾美許人的服裝
amish costume

艾美許人是基督教的一個分支，排斥汽車和電力等近代文明產物，過著樸素生活，其服裝由單色的連身洋裝、圍裙和罩帽(p.116)構成。

柯特哈帝
cotehardie

從14世紀開始出現，上半身輪廓貼身，長度長到接近地板的洋裝、上衣（男性穿的到腰部左右）。特徵是領口開得較寬、較深，正面和從袖口到手肘的袖子外側會有成排的鈕扣。

奇通
chiton

古代希臘人穿的衣服，用不剪斷的長方形布做出垂墜，肩膀部分用別針和胸針固定，腰部用皮帶或繩線綁緊，女性用的長度較長，多半長及腳跟。

卡拉希里斯
kalasiris

在古代埃及上流階級穿著的半透明貼身連身洋裝，穿著時多半會覆蓋肩膀，用腰帶綁緊。

和服
kimono

日本的民族服裝，和服用的紡織品用直線剪裁縫合製成，加上腰帶打結穿著。kimono這個名稱在日本單純是衣服的意思，但在現代則變成指自古以來的和服，相對於西洋的服裝。

浴衣
yukata

不需要穿襯衣的簡易和服。可以在夏日祭典的時候看到，也做為日本旅館泡澡完和睡覺時穿的服裝及日本舞蹈的練習服等使用。材質一般是棉質，鞋子通常搭配木屐。

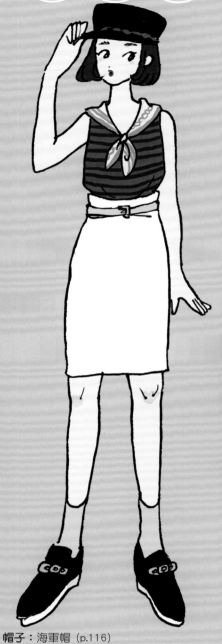

帽子：海軍帽 (p.116)
上衣：橫條紋 (p.160)
裙子：直筒裙 (p.52)
鞋子：懶人鞋 (p.104)

髮飾：大腸髮圈 (p.122)
連身洋裝：水手領 (p.19)／深袖口 (p.38)／
　　　　　腰封 (p.133)
包包：風琴包 (p.126)
鞋子：運動鞋 (p.104)

插畫繪製：
チヤキ

加利西亞的民族服裝
galician traditional costume

會在西班牙的加利西亞地區看到的民族服裝，多半以紅色和黑色為基調，特徵是披肩形狀的短外衣和半身圍裙。

立陶宛的民族服裝
Lithuanian traditional costume

立陶宛民族服裝之一，特徵是稱為瑪魯休奇尼亞伊（marškiniai）的刺繡襯衫，以及稱為沙雪的刺繡腰繩、半身圍裙和背心。

波列拉
pollera

中南美洲（主要是巴拿馬）的民族服裝，由稱為卡米沙的罩衫及稱為波列拉的裙子所組成。白色的棉質薄布會加上蕾絲、荷葉邊、多層裝飾，並且使用紫色、紅色、綠色等單色貼花。也稱為**波傑拉**。

喬立塔
cholita

指玻利維亞和祕魯等南美洲安地斯等地區，原住民女性穿著的民族服裝。樣式為有皺褶、裙襬開闊的裙子搭配上披肩，並戴上圓頂硬禮帽（p.112）。

狄恩朵
dirndl

德國拜仁地區到奧地利提洛爾地區女性穿著的民族服裝。在罩衫外穿上腰部打褶縮緊的貼身上衣，接著穿上圍裙。

米朵
mieder

瑞士的民族服裝，和狄恩朵結構幾乎相同，每個山谷地區有不同的地區顏色，共通的是胸前的布片使用交叉綁帶。也指民族服裝本身。

布那朵
bunad

挪威的民族服裝，主要是婚喪喜慶時女性所穿著，現代在喜慶的時候也常穿著。顏色和刺繡主題等設計隨著民族和地區而異，電影《冰雪奇緣》主角的服裝也參考了布那朵來設計。

奇拉
kira

不丹女性穿著的傳統民族服裝，長度長（約到腳踝），用一片縫合的布纏繞穿著。奇拉的意思是「纏繞的東西」。

旁遮普裝
punjabi dress

由卡米茲(上衣)、沙爾瓦褲(褲子,巴基斯坦稱為薩爾瓦褲〈p.64〉)、杜巴塔(圍巾)組成,是南亞地區的民族服裝,主要是印度、巴基斯坦等地的人穿著。日本多稱為旁遮普裝,但是當地一般稱為**沙爾瓦卡米茲**或是**旁遮普套裝**。下半身除了穿寬鬆的沙爾瓦褲以外,也可以搭配貼身的褲子或是褲腳開闊的褲子等等,有多種變化。

韓服
chima jeogori

這是朝鮮的民族服裝,chima是從胸部長到腳踝的裙子,jeogori是不分男女都會穿著的上衣,女性的長度較短。

漢服
han fu

中國明朝以前廣泛穿著的漢人民族服裝,袖子長,樣式像是和服。雖然最近幾年,只能在道士和僧侶的服裝、部分學生制服和禮服等服裝看到,但是漢服復興運動發生後被重新重視。

顯臉小穿搭

在臉的周圍使用膨脹色

穿顏色較暗的針織衫,雖然身體看起來會變瘦,但是相對地臉看起來就容易變大。只要穿顏色較亮的針織衫,露出頸部,運用髮型降低臉露出的面積,就能有出色的小臉效果。

看起來膨脹的上半身,只要下半身穿上顏色較暗且貼身的衣服,就能給人針織衫下的身體很纖細的想像。

馬甲
bodices

長度到腰部附近的女性用無袖上衣，前面會分成兩片，穿著時用繩線拉緊成貼身的形狀。據說起源是15世紀歐洲貴族女性當做居家服的背心。現在除了當作背心穿著以外，也被當成讓身體線條更漂亮的內衣。

防風背心
wind vest

指防風外套的無袖款式，很多領子部分會附有可摺疊收納的帽子，最近常用來當作運動用的簡易外罩背心。因為布料面積小，市面上也有很多能摺疊得很小、輕盈材質製成的商品，外出中想改變服裝的保暖度時很方便。

狩獵背心
hunting vest

狩獵的時候會使用的背心，有複數的口袋和放子彈的空間。

健行背心
trail vest

從事健行和越野慢跑、釣魚等活動時使用，具有撥水性的背心，有附帽子的款式，也有不附帽子的款式。

蒂爾登背心
tilden vest

在V領領口和下襬，各加上一條或是複數條粗線條的背心。原本是較厚的背心，為了方便活動、讓能穿著的季節變得更廣，也有很多會做得較薄。蒂爾登這個名稱來自於美國名網球選手威廉·蒂爾登喜歡穿著這種毛衣。容易強調出傳統感和運動感，但是因為制服常使用這個樣式，因此也有看起來較幼稚的缺點。也稱為**網球背心**（tennis vest）、**板球背心**（cricket vest）等等。

針織背心
knit vest

針織法製作的背心，領子多半是Ｖ領，也稱為**無袖毛衣（sleeveless sweater）**。

羽絨背心
down vest

填充了羽絨（羽絨／羽毛）的防寒用背心，幾乎都使用鋪棉縫製手法和樹脂加壓黏合加工。也有帶有袖子的羽絨外套（p.85）。

詹金皮背心
jerkin

皮革製、無領的外罩背心。於16～17世紀在西歐誕生，約在第一次世界大戰的時候成為軍用服裝。

西裝領背心
lapeled vest

有像是西裝外套一樣的領子的背心，lapel是下領片的意思。

異材質背心
odd vest

使用和外套不同布料製成的背心，也很常單獨穿著，很多在設計上也很具特色，也稱為**設計背心（fancy vest）**。

西裝背心
waistcoat

waistcoat是英國名，美國稱為vest、日文發音為chokki，法文稱為gilet。17世紀後期剛出現的時候有袖子，到了18世紀中期後袖子就消失了，變成現在的背心樣式。

中層背心
gilet

gilet在法文中是指沒有袖子的上衣，美式英文為vest、日文發音chokki，英式英文為waistcoat，本來這些都是同樣的意思，但是vest是指有裝飾和口袋等的背心，做為外罩衣服的意義較強烈，另一方面，寫作gilet的時候，做為穿在外套內中層衣的意義較強烈，所以也指較簡單的背心。特地標示為gilet的背心，很多是為了區別輪廓上是否具有特徵而非是否有裝飾。

外套

伊頓外套
eton jacket

英國伊頓學院的制服外套。長度較短，習慣上穿著時前面的鈕扣不會扣起來。基本上搭配背心、領子寬度較寬的伊頓領（p.17）襯衫、黑色領帶和條紋褲子。

休閒西裝外套
blazer

休閒、運動風的西裝外套總稱。特徵是有金屬鈕扣、胸前口袋會配戴所屬單位的徽章或胸章等等。

粗布外套
sack jacket

身體部分沒有縮緊的圓筒狀外套，特徵是有寬鬆的感覺，穿起來也很輕鬆舒適，還有隱藏體型的優點。雖然是休閒外套，但是也給人強烈的傳統印象，和輕便西裝外套（easy jacket）很類似。

門僮外套
belljoy jacket

在飯店玄關負責搬運客人行李的工作人員所穿著。立領、長度短、腰部縮緊，中間多半會加上較多的金色鈕扣。又叫**報童外套**（pageboy jacket）。

半截式外套
midriff jacket

長度只到橫膈膜附近，非常短的外套。

諾福克外套
norfolk jacket

特徵是加上了用同一塊布料製作出的寬肩帶和寬腰帶，寬肩帶穿過胸部、肩膀、背部。原本是狩獵用的外套，現在也可以看到警察和軍隊使用這種樣式的外套做為制服。

吸煙外套
smoking jacket

原本是指在像是吸煙處一樣的放鬆場所穿著的豪華長罩衫，現在則是指長度較短的外套，據說是無尾禮服的起源。其主要特徵是披肩領（p.23）、反折袖口（p.34）以及牛角扣（p.144）。在美國和**tuxedo jacket**同義，在法國稱為**斯摩金外套**（smoking），在英國稱為**dinner jacket**。此外，也指模仿無尾禮服樣式的女性用外套。

拿破崙外套
napoleon jacket

模仿拿破崙穿著的軍服並加上了讓人聯想到宮廷服裝的裝飾。主要的特徵是正面縱向排列二列較多的鈕扣、用金線裝飾、立領、且有肩章（p.140）等等。

西裝外套
tailored jacket

使用西裝外套的樣式，正面較寬的外套，分成鈕扣呈兩列的雙排扣（左）和鈕扣呈一列的單排扣（右）這兩種。tailor是裁縫師傅的意思，tailored和tailor made同義，有「男士服樣式」的意思。西裝外套和西裝套裝（suits）的外套本來是同一種東西，但是西裝外套單指外套，也包含在休閒場合穿著的西裝外套，而西裝套裝則傾向指商務和正式場合穿著的西裝，很多是女性用的。

無尾禮服
tuxedo

男性的夜用準禮服，顏色為黑色或深藍色，使用單排扣、緞面的披肩領和劍領，長度及腰，會搭配黑色的領結、背心、腹帶和側面有飾條的褲子。英國稱為**晚餐外套（dinner jacket）**。

Back

燕尾服
tailcoat

男性的夜用禮服，正面的長度及腰，背面的下襬分成兩片，領子是緞面（p.142）的劍領（p.23），穿著時正面門襟不閉合，搭配領結、絲質禮帽。因為背後下襬的形狀會讓人聯想到燕子尾巴，所以也稱為swallow-tailed coat，中文名稱是來自於其翻譯名稱，也稱為**燕尾外套（swallow-tailed coat）、晚禮服外套（evening coat）**。

晨禮服
morning coat

男性的日用正式禮服，使用單排扣設計，但只使用一個扣子，劍領、長度及膝。正面的下襬會由中央往側面斜線大幅剪去，也稱為**切角長外套（cutaway frock coat）**。

史賓賽外套
spencer jacket

貼著身體的合身外套，長度短，大約到腰部，形狀像是沒有燕尾的燕尾服。

梅斯外套
mess jacket

夏季簡易正式場合穿著的其中一種外衣，多半指長度短，領子為披肩領（p.23）或劍領（p.23）的白色外套。mess則是軍隊聚集用餐和餐廳的意思。

卡馬尼奧拉外套
carmagnole

法國大革命的時候，無套褲漢（革命黨員）所穿著的外衣，長度短、有寬度很寬的領子。法國大革命時流行的歌曲和舞蹈稱為卡馬尼奧拉。

無領外套
no collar jacket

沒有領子的外套總稱，多半內搭沒有領子的衣服，和西裝外套相比，更能強調女人味。大多會加上滾邊。

腰部飾裙外套
peplum jacket

腰線以下加上荷葉邊和皺褶等裝飾的外套，腰部到下襬漸漸變得開闊的設計，能讓腰部看起來纖細，並隱藏住臀部周圍，給人身形纖細的想像。

卡札奎因外套
casaquin

18世紀左右的女性用外套，長度較短，會搭配下襬開闊的裙子一起穿著。另一種類似的卡拉可外套（caraco）長度則較長。casaquin是從法文的外套[casaque]一詞衍生而來。

雙峰外套
doublet

中世紀到17世紀中期，西歐男性用的外套。輪廓貼身，長度及腰，附有袖子。隨著時代而出現有立領、填充其他材料、鋪棉、腰部為V字剪裁等的變化。法文稱為**pourpoint**。

狩獵外套
safari jacket

考慮到在非洲狩獵、探險和旅行時的舒適度和機能性，而創造出來的外套。特徵是胸前和腹部各有兩個貼式口袋，有肩章（p.140）設計，還有腰帶。其顏色多為卡其色系。

野戰外套
field jacket

模仿軍隊士兵在野戰時穿著外套設計製成，特徵為具防水性、使用迷彩印花、口袋具機能性等等。

飛行外套
flight jacket

皮革製、用拉鍊開閉的夾克型外套。設計源自於駕駛軍隊飛機的飛行員所穿著的外套，原本是駕駛露天駕駛艙飛機用的防寒衣。

MA-1
ma-1

飛行外套代表性的一種，指1950年代美國空軍所採用的尼龍製外套，最近模仿這種樣式的外套也使用這個名稱，又叫**轟炸機外套**（bomber jacket）。為了抵禦零下的氣溫，而將皮革製改為尼龍製，配合機艙的狹窄空間，將腰部、領子、袖口改成羅紋編織，為了方便活動，大量使用機能性設計，背面的長度比正面更短。電影《終極追殺令》中女主角瑪蒂達穿著了這種外套，而讓大眾發現了女性穿著這種外套的魅力。

飛行員外套
aviator jacket

製作給飛行員穿著的皮革製外套，長度較短，用拉鍊開閉，很多飛行外套的上領片會使用毛皮，和騎士外套也有很多共通點。

騎士外套
rider's jacket

摩托車騎士穿著的皮革製外套，長度較短，袖口和前襟加上拉鍊等設計，可避免風灌入，為了可以在跌倒時降低受傷的程度，也製作得很強韌。

駕車大衣
car coat

模仿開車用外套設計的外套，起源於20世紀初期的汽車駕駛大衣，皮革製、長段較短，領子多半是西裝領。駕駛敞篷車時穿著這種單品，可以營造出復古感，同時也具有防寒效果。

甲板外套
deck jacket

為了在船上甲板工作用的軍用防寒衣，或是模仿其樣式的外套。特徵是有可以將領子立起固定的束帶，以及袖口內側是針織羅紋設計，讓外面的空氣不易透入。

海軍外套
middy jacket

有水手領的外套。模仿海軍官校學生制服的樣式，海軍官校學生是海軍軍官學校士官班學生（midshipman）簡稱。也稱為**水手外套**。在日本，middy jacket有時也指中等長度的外套。

哥薩克外套
cossack jacket

模仿騎兵使用的外套樣式，長度較短的外套，領子是披肩領（p.23）和史丹領（p.16），主要是皮革製。

西班牙外套
donkey jacket

西班牙大衣
donkey coat

英國煤礦坑工人和港口工人工作時所穿著，墨爾登毛呢材質的厚外套。特徵是有羅紋編織的大片針織領、排扣、肩膀處加上了搬運時的補強用、防水用補丁。日本將較高的大片羅紋編織領稱為西班牙領（p.25），和肩膀的補丁同樣是一大特徵。donkey jacket和donkey coat都是日本獨有的稱呼。英文一般稱為**spanish coat**。

西部外套
western jacket

美國西部牛仔喜歡穿著的外衣，或是指模仿其樣式製成的外套。多半使用麂皮材質，特徵是會加上流蘇裝飾，以及肩膀、胸口和背部有圓弧狀約克（拼接）。

麥基諾外套
mackinaw

格紋的厚羊毛短外套，原本的特徵有雙排扣、蓋式口袋、腰帶等，現在這些特徵只能看到一部分。名稱源於美國密西根州的麥基諾地區。

丹寧外套
denim jacket

用丹寧布製成的夾克。日本發明的英文名稱為jeans jumper，不過近來也大都改寫為denim jacket。

工作外套
coveralls

主要用丹寧布和直條紋丹寧布等強韌的布料製成，和丹寧外套相比，是長度更長、口袋更多的工作用外套。英文名coverall是「連接在一起」的意思，在日本多指工作外套。

棒球外套
staduim jumper

棒球場外套的簡稱，棒球選手穿在制服外的防寒衣。staduim jumper是日本發明的英文。這是美國休閒風格穿搭的代表性外套，胸口和背後多半會加上所屬隊伍的標誌。

滑雪外套
piste

指套頭式(從頭部套上穿著)的防風外套。會在運動(主要是足球、排球、手球等)時穿著,當作防寒用的暖身運動服裝和訓練服裝,因此不加上口袋和拉鍊等等。pieste在法文是滑雪道的意思,在德文則是指滑雪場內的滑雪路線,因此滑雪選手穿著的外套就稱為滑雪外套(piste jacket)。

阿諾拉克外套
anorak

是附有帽子的防寒、防雨、防風用外套,也稱為jacke。起源是因紐特人男性穿著的皮製外衣。極地用的阿諾拉克外套內襯會使用毛皮。

羽絨外套
down jacket

填充了羽絨(羽絨／羽毛)的防寒用外套,幾乎都使用鋪棉縫製手法和樹脂加壓黏合加工。也有沒有袖子的羽絨背心(p.79)。

毛澤東外套
Mao suit

中華人民共和國一直到1980年代初期以前,幾乎所有成人男性和多數女性穿著的外衣,用鈕扣扣起的外衣和長褲可說是整套的標準服。其領子為外翻的立領,胸前和腹部則各有兩個口袋。

騎馬外套
hacking jacket

毛呢外套,特徵是單排扣、正面下襬剪裁成圓角、背面下襬於中央開衩、斜口袋。起源自騎馬用的服裝,斜口袋是為了在騎馬時方便取出物品。

加拿大大衣
Canadian coat

加拿大從事林業的人所穿著的大衣,在領子和袖口等加上毛皮和羊羔絨布。

箱型大衣
box coat

看起來像是四方形箱子的外套總稱。腰部不往內縮,輪廓多半從肩膀到下襬呈一直線。原本是指駕駛馬車的車伕所穿著的厚素色長大衣。箱型長大衣(box over coat)的簡稱。

立佛大衣
reefer coat

使用厚布料製作的雙排扣大衣,門襟可以在右前方或左前方閉合。起源自乘船用的防寒衣,reefer是收帆水手的意思。別稱為**海軍雙排扣大衣(pea coat**,pea的意思是船錨錨爪)。

牧場大衣
ranch coat

原本是指將帶著羊毛的羊皮翻面製作而成的外衣,或是指模仿其樣式製成的附羊羔絨外衣。ranch coat是日本發明的英文名稱,ranch的意思是大牧場,起源自美國西部牛仔為了防寒而穿著的外套。

短版大衣
topper coat

長度約覆蓋住上半身,女性用的防寒大衣。下襬的部分大多會是開闊的形狀。

短斗篷
cape

像是長度較短的斗篷大衣,沒有袖子的外套總稱。鐘型斗篷也是短斗篷的其中一種。有圓形剪裁或是直線剪裁等不同樣式,長度、材質和設計的變化多樣。

附帽斗篷
cucullus

日耳曼人和高盧人穿著的附帽子小斗篷。代表性的設計特徵是帽子頭頂部分的尖角。

套頭斗篷
poncho

只在布中央剪開讓頭能通過的洞,作法很簡單的外衣。原本是安地斯地區的原住民穿在一般衣服之上的外套。使用羊駝毛和大羊駝毛手工厚織品製作,撥水性和隔熱性良好,覆蓋至腰部,以達到防寒、防風的作用。多半使用民族風的多彩配色和獨特的幾何學圖案,做為外套也很受歡迎。在日本,因為穿起來的樣子很類似,將前方有開口、沒有袖子的外衣,也稱為套頭斗篷,而不是短斗篷。

鐘型斗篷
cloak

斗篷的其中一種,沒有袖子的外衣,長度相對較長,輪廓是釣鐘型,形狀像是要將身體包裹起來。名稱來自法文中指釣鐘的詞語cloche。

附帽斗篷大衣
capa

指的是附有帽子的斗篷大衣，capa是由葡萄牙語、西班牙語的cape演變而來，capa也是日文中「合羽」這個詞語的來源。

針織大衣
coadigan

像是針織外套一樣，沒有門襟或是門襟很短的大衣，或是指看起來像是大衣的長針織外套。coadigan是新創造的詞語，意思是介於大衣和針織外套間的服裝，從2015年秋冬開始流行。

厚粗毛呢大衣
duffle coat

多半使用厚羊毛布、附帽子及牛角扣(p.144)。第二次世界大戰時，英國海軍做為防寒衣，戰後在市面上普及，原本是北歐漁民工作服。別稱**牛角扣大衣（toggle coat）、康馮伊大衣（convey coat）**。

摩斯大衣
mods coat

模仿美軍使用的軍裝大衣設計製成的外套，特徵是使用軍綠色調、背面下襬有較長的魚尾設計、附有帽子等等。

柯佛特大衣
covert coat

使用柯佛特毛呢製成。特徵為袖口和下襬有車邊、下襬有開衩及隱藏式門襟。較短的長度和車邊補強方便騎馬。於1800年代後半誕生，流行於1930年代。上領片可用同種布，但最常見改成天鵝絨布。

加納奇
garnache

人們在中世紀時穿著，斗篷形狀、胸前有稱為languet的舌狀裝飾和斗篷袖的外衣（左）。很多也會附有帽子。現在稱為加納奇的外套幾乎都沒有舌狀裝飾。

荷葉邊大衣
swagger coat

七分長，下襬加上荷葉邊，越往下變越開闊的外套。swagger有「威脅、威嚇」之意。流行於1930到1970年代。

現在多半有袖子

印威內斯大衣
inverness coat

誕生於蘇格蘭印威內斯地區的長外衣。雙層構造，內側是無袖的長大衣，外側是覆蓋住整個肩膀的短斗篷，目的是為了在演奏風笛時可以防風及防雨。夏洛克‧福爾摩斯喜歡穿著這種大衣。

切斯特大衣
chesterfield coat

樣式、作法很講究的長大衣。特徵是長度長、鈕扣為隱藏式（隱藏式門襟／p.139）、領子是缺角領(p.23)。現在很多也會露出鈕扣。

風衣外套
trench coat

第一次世界大戰時在泥地壕溝(trench)內穿著的外套，發揮了機能性而普及，具有軍用外套的特徵，肩膀、領口和袖口有帶子，袖口帶子可以調整束緊來防寒。

連身長大衣
frock coat

黑色雙排扣（現在很多也做成單排扣）、鈕扣4～6個、長度及膝的大衣。在晨禮服外套出現以前，是白天穿的男性用正式服裝，多半搭配直條紋的褲子。

拿破崙大衣
napoleon coat

模仿拿破崙軍服製成的大衣。主要的特徵是正面縱向排列二列較多的鈕扣、用繩線裝飾、立領、有肩章(p.140)等等。也有人說二列鈕扣是為了可以配合風向改變門襟開口方向。

包裹式大衣
wrap coat

不使用鈕扣和拉鍊等，像是將身體包裹起來一樣，穿著時前襟大面積重疊的大衣。將身體包裹起來後，多半會使用同材質的寬腰帶加以固定，柔美的線條給人優雅的感覺。

鑲邊大衣
trimming coat

加上滾邊裝飾的大衣，trimming是「修整、加上裝飾」的意思。

曲線大衣
redingote

顯現出腰部曲線的大衣總稱。redingote是法文，源於英文的riding coat(騎馬外套)。

巴爾馬肯大衣
balmacaan

巴爾領(p.16)、拉格蘭袖(p.26)、下襬寬鬆的大衣。名稱源自於蘇格蘭的地名，第一個鈕扣可以扣起來讓領子閉合（左），也可以不扣讓領子打開（右）。

阿爾斯特大衣
ulster coat

長大衣的典型樣式，防寒效果也很好。基本上是雙排扣；有 6、8 個鈕扣，長度及膝，特徵是使用稱為阿爾斯特領的領子樣式，上領片和下領片的寬度相同，或是上領片較寬一些。有後腰帶或腰帶，前襟重疊的面積較大，多半使用厚羊毛製成。名稱的由來是使用了北愛爾蘭阿爾斯特島東北地區生產的厚毛料紡織品製作。阿爾斯特大衣也被稱為大衣的始祖，風衣外套是其改良版。

Back

馬球大衣
polo coat

特徵是雙排扣、阿爾斯特領、有6個鈕扣、背後有腰帶的長大衣。多半有貼式口袋，袖子有反折的袖口。原本是馬球競技者等待的時候、觀看馬球競技賽事的時候穿著，但是名稱是1910年美國的服裝品牌布克兄弟（Brooks Brothers）取了這個名稱販賣，才固定下來。

帳篷大衣
tent coat

腰部不往內縮，輪廓從肩膀到下襬呈和緩三角形。也稱為**金字塔大衣**（pyramid coat）、**荷葉大衣**（flare coat）。

繭型大衣
coccon coat

穿起來輪廓像是繭一樣圓潤的大衣，cocoon是繭的意思，像是要將身體包裹起來的形狀稱為繭型輪廓，裙子中也有稱為繭型裙（p.54）的樣式。

桶狀大衣
barrel coat

身體部分膨起，輪廓像桶狀（barrel）的大衣，和繭型大衣幾乎相同。

防塵大衣
duster coat

春天穿著的防塵寬鬆薄大衣，長度較長。原是騎馬在草原奔跑時穿著的外套，背面有開衩。也很常兼作雨衣，使用防水、撥水材質。

麥金托什
mackintosh

使用有塑膠塗層防水材質的大衣，或是指這種材質。1823年英國人查爾斯‧麥金托什在布料和布料之間塗上天然橡膠，發明了防水的布料，而讓這種大衣做為雨衣的用法固定下來。

長雨衣
slicker

輪廓寬鬆、使用防水布料、長度較長的雨衣。據說起源於19世紀初期水手穿著的塑膠塗層布料（塗上橡膠的防水加工）防水大衣。

喬哈
chokha

高加索地區男性穿著的羊毛製長大衣，胸部有彈帶。喬哈是傳統的民族服裝，也做為戰鬥用的服裝使用。據說《風之谷》中娜烏西卡的服裝也以此做了參考。

伊拉賽特
earasaid

蘇格蘭高地地區女性穿著的民族服裝外套。穿著時將格子花紋和條紋的大片紡織布用胸針和腰帶固定。

丘巴
chuba

西藏的民族服裝，穿在稱為翁久（onju）的罩衫外的大衣，有的只有單邊有袖子。

裘斯特克
justaucorps

17～18世紀時歐洲男性用外衣。通常裡面會穿上中層背心和長度及膝的五分褲。會在袖口加上蕾絲裝飾，或是整體都加上華麗閃耀的裝飾。又叫**阿比（habit）**。

基普恩
zipun

17世紀左右，俄羅斯農夫穿著的外衣，下襬會稍微變得開闊。

胡普蘭
houppelande

14世紀後半到15世紀歐洲人穿著的外套。原本是男性的居家服，後來女性也開始穿著。下襬多半長到拖地，穿著的時候用腰帶將寬鬆的身體部分縮緊固定。

喬治那
giornea

文藝復興時期義大利佛羅倫斯人穿著的連身服裝，布料垂墜在前後，側面沒有袖子，穿著的時候讓布料直接垂墜在前後，或是繫上腰帶。法文寫作[journade]。

恰多爾
chador

伊斯蘭教徒女性外出時穿著的鐘型外衣，除了臉部以外，覆蓋隱藏住全身。在伊朗很常見，顏色通常是黑色。

波卡
burka

伊斯蘭教徒女性外出時穿著的外衣，覆蓋隱藏住全身，眼睛的部分也用網狀布蓋住。在阿富汗很常見。

坎迪斯
kandys

古代波斯等地區的人所穿著，長及腳踝的寬鬆服裝。主要是上流階級的人穿著，袖口呈開闊的喇叭狀。

達爾馬提卡
dalmatica

歐洲人一直到穿著到中世紀左右的寬鬆T字形服裝，也做為基督教的法袍使用，名稱起源於克羅埃西亞的達爾馬提亞地區民族服裝，而取作這個名稱。

聖外披袍
phelonion

司祭穿著的無袖祭服，日本正教會稱為聖外披袍，天主教會則稱為**祭袍**(chasuble)。

艾爾巴白袍
alba

基督教的神職人員和信徒所穿著，長及腳踝的寬鬆袍子。

司鐸袍
cassock

天主教教會神父平常穿著的黑色服裝，立領、長度到腳踝、沒有任何裝飾。通常會內搭白色羅馬領(p.22)上衣。

平口比基尼
bandeau bikini

上半身不是三角形而是橫長型的帶狀，形狀像是平口背心的比基尼。給人可愛的印象，也能讓胸部看起來更漂亮。以前的平口比基尼在結構上容易讓胸部變形，或將胸部壓扁，後來加上鋼圈和襯墊等設計，能讓胸部不變形又能創造出份量感。1970～80年代曾經流行一時，但是當時在日本女性市場並不普及。很多為了避免比基尼移位會加上繩線，或是加上流蘇和荷葉邊等裝飾。

扭結平口比基尼
twisted bandeau bikini

平口背心型的平口比基尼的其中一種，正面部分是扭結設計。

V字切口平口比基尼
v wire bandeau

平口背心型的平口比基尼的其中一種，正面部分有鋼圈並加上V字切口設計。因為加上了切口，比起單純的平口比基尼，胸部看起來會更美麗。

蝴蝶結比基尼
bow bikini

加上蝴蝶結的比基尼總稱。從上半身正面打成蝴蝶結的比基尼，到設計上加上大蝴蝶結裝飾的比基尼等等，可以看到各種樣式。另外也稱為**緞帶比基尼**（ribbon bikini）。

三角比基尼
triangle bikini

上半身的布料為三角形的比基尼，幾乎都用繩線固定，上半身部分下緣的繩線長度多半不固定，而能調整位置。特徵是不耐衝擊，胸部必須要有一定尺寸。

微型比基尼
micro bikini

上半身和下半身皆使用面積非常小的布料製成的比基尼總稱，雖然沒有特定的標準，但是多半是稱呼布料面積極少的比基尼。據說是為了對應禁止裸體的法律而產生的。

巴西比基尼
brazilian bikini

發源於巴西的比基尼，上半身和下半身皆使用面積很小的布料製成。是微型比基尼的其中一種，使用鮮豔亮麗的色調和印花，有強調臀部線條的傾向。

側綁帶比基尼
tie side bikini

下半身在側面打結固定的比基尼，tie side是在側面打結的意思。這種比基尼幾乎都是用繩線打結固定，因此也稱為**繩線比基尼**。

眼罩比基尼
gantai bikini

上半身以四方形的布料製成，形狀看起來像是眼罩的比基尼。因為沒有支撐力，因此游泳等的實用性很低。只使用於寫真攝影和提高裸露度等，穿著只是為了看起來美觀。

平口褲
boyleg

女性用短褲，像褲管很短的熱褲(p.67)。褲腳像是男性用的內褲一樣剪裁成接近水平直線。不只是泳裝，相同樣式的內褲也這麼稱呼。

低腰褲
low-rise

女性用的淺褲襠短褲。容易讓目光焦點聚集腰部周圍，強調腰部的纖細，讓身體曲線看起來更有魅力。和髖骨褲幾乎是相同的意思，但低腰褲的褲襠更淺。不限於泳裝，所有相同樣式的褲子也都這麼稱呼。

一件式比基尼
monokini

從背面看是比基尼、從正面看是連身泳裝的泳裝。有上半身和下半身在正中央連接在一起的款式，以及在正中央連接處挖洞的款式。起源於比基尼上半身和下半身用五金零件和鍊子等連接在一起的模樣。

背心式比基尼
tank-top bikini

上半身是坦克背心或細肩帶背心形狀，和下半身分開的二件式泳裝。在泳裝中，上半身設計的自由度很高，能使用高腰和拼接等設計，也有能製造出長腿效果和強調胸部等的優點。

繞頸比基尼
halter neck bikini

繩線在頸部後面打結，吊掛在頸部上固定的比基尼。會加上鋼圈等設計，讓比基尼不容易移位，不挑胸部形狀，給人安心感。除了泳裝以外，在頸部後面打結的領口樣式稱為繞頸領。

交叉繞頸比基尼
cross halter bikini

繩線在頸部前面交叉，再繞到後面打結，吊掛在頸部上做固定的比基尼。特徵是很耐衝擊，不挑胸部形狀，給人安心感及性感的感覺。

露肩比基尼
off-shoulder bikini

上半身不用肩帶固定，設計上露出肩膀的比基尼。強調上胸部線條，能表現出女人味。露肩設計本身在上衣領口樣式(p.12)中也常見。

荷葉邊比基尼
flared bikini

上半身和下半身用波浪狀布料覆蓋的比基尼。胸部附近看起來呈現傘狀，相對地具有讓腰線看起來更細的效果。

流蘇比基尼
fringe bikini

將繩線和繩狀的布捆成一束或穗狀的裝飾，加上這些裝飾的比基尼。流蘇(p.143)能提高胸部的份量感和性感度。

背心短褲
二件式泳裝
tank suit

由長度長的上半身和短褲組合而成的泳裝，上半身為坦克背心和慢跑衫的形狀。樣式經典，最近在兒童用的泳裝中很常見。

波基尼
burkini

設計給伊斯蘭教教徒女性穿著的泳裝。只露出臉部和手腳前端，也不太緊貼著身體。插圖只畫出上半身，下半身是緊身褲型。名稱是由波卡(p.91)和比基尼組合而成的新創造詞語。

自由背部樣式
free back

女性泳裝的背面樣式，肩帶在背部下方肩胛骨之間的某一點，固定成V字形。據說是法國的泳裝品牌arena，為了重視運動性的競技用泳裝開發出來的樣式。

競賽背部樣式
racing back

女性泳裝的背面樣式，袖口開得極大，背部中央變窄，這種設計在提高上臂活動性的競技用泳裝上可以看到，具有支撐力，同時活動性也很高。

飛翔背部樣式
fly back

泳裝的背面樣式，肩帶固定在背部下方肩胛骨間的某一點，在那之下還有開口。這是為了減少競技用泳裝背部布料的面積而開發出來的。

背部交叉肩帶
back cross strap

肩帶在背後做交叉的設計，在泳裝、內衣、上衣、連身洋裝等服裝上都可以看到。此外，也有在交叉處使用皮帶扣環等變化。

I字背部樣式
I back

覆蓋住整個背部，降低裸露度的背部樣式。

U字背部樣式
U back

背部開闊，肩帶分別跟泳裝連接在一起。泳裝常採用的背部樣式，穿脫容易。

Y字背部樣式
Y back

肩帶在背部中央跟泳裝連接在一起，是支撐性高、肩帶不容易移位的樣式。

交叉背部樣式
cross back

肩帶交叉的背部樣式，肩帶交叉的設計在穿脫容易的同時，又提高了支撐性。也稱為**a字背部樣式（a back）**。

丁字褲
tanga

指布料面積（特別是背面）非常小的泳裝和內褲，表示背面形狀時稱為**T字褲（T back）**。也是里約狂歡節等活動穿著的服裝名稱，在日本多半指內褲樣式。

防磨衣
rash guard

主要是從事海洋運動時，防止曬傷和擦傷、避免被水母螫傷、保溫等，而使用的上半身用裝備，女性一般會穿在泳裝外。使用貼合度高的橡膠材質，能防止和肌膚摩擦受傷，因此有時也會穿在防寒潛水衣裡面。為了減少在水中的阻力，防磨衣一般會緊貼著身體，不過有的防磨衣為了讓人在穿著時也可以在海灘散步，會加上帽子，做成像外套一樣。袖子多半為拉格蘭袖（p.26）。rash是擦傷的意思。

長襪
stockings

指輕薄、長度較長的襪子，主要是長度在膝蓋以上的襪子，較短的襪子稱為短襪。

褲襪
tights

緊貼著肌膚，從腳趾覆蓋到腰部的合身包腳褲。使用尼龍等伸縮性高的材質，主要用途為保溫，以及從事芭蕾和體操等活動幅度極大的運動。分類上絲襪是襪子，而褲襪卻是褲子，但因為形狀類似，也有人用織線的粗細來分類（30丹尼以上為褲襪）。

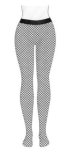

網襪
fishnet tights

編織成網狀、格子狀的褲襪。使用拉歇爾紡織機編成的網襪，也稱為**拉歇爾褲襪**。

短襪
socks

約從腳趾覆蓋到腳踝上部的襪子總稱。主要的穿著目的是為了保溫、吸汗、透氣、緩衝。

泡泡襪
loose socks

穿起來鬆垮、有份量感的長襪，或是指這種穿著方式。1990年開始流行於日本的女高中生之間，為了避免襪子往下滑，會使用襪子專用的固定膠，將膝蓋下方的部分固定。

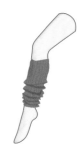

襪套
leg warmer

襪子的一種，從膝蓋下緣和大腿覆蓋到腳踝的筒狀保溫用紡織品。原本是用來當作芭蕾的練習服裝。

隱形襪
foot cover

露出大片腳背，只覆蓋腳趾和腳跟部分，非常淺口的襪子。穿著的目的是為了保溫、吸汗、透氣、緩衝，是為了穿高跟鞋（p.107）和平底鞋（p.106）時，表面上看不到襪子而設計的。

腳趾襪

toe cover

只覆蓋住腳趾部分的襪子，也有勾住腳跟部分的款式。也稱為**腳趾緩衝襪**（toe cushion）。

五趾襪

toe socks

指腳趾部分五根腳趾全都分開的襪子。

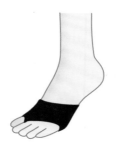

分趾襪

thong socks

襪子只穿過腳大拇趾和第二趾之間的人字繫帶部分。也指像是日式襪子一樣，腳趾部分分成大拇趾和其他腳趾兩部分的襪子。

顯瘦穿搭技巧❶

比起短褲，褲腳剪裁的長褲更好

雖說如果想要給人很有活力的印象就要穿短褲，但是如果想要顯瘦，穿褲腳剪裁褲、莎賓娜褲、卡普里褲（p.66）之類合身且長度到膝蓋下方的褲子，會讓整體看起來更清爽。在褲子的顏色上做變化，穿搭的變化就會更豐富。

短手套
shortie

指長度約到手腕、較短的手套。有的是為了防寒而穿戴，但是也有為了時尚而穿戴的，也寫作[shorty]。

半截手套
demi glove

不覆蓋到手指前端的手套。demi是法文，意思是一半。有各式各樣的材質和用途，從使用手指工作時穿戴而重視機能性的手套，到只露出手指前端的手套等，有各種樣式。

露指手套
open fingered glove

指會露出手指部分的手套，不只是能防寒，也用來保護手和提升抓握力，在格鬥技和運動中很常見。其和**無指手套**（fingerless glove）、**半指手套**（half finger）、**半連指手套**（half mitten、half mitt）是相同的意思。

開洞手套
cutout glove

為了裝飾目的和提高活動性，而在手背和關節部分有開洞（挖洞）設計的手套。

連指手套
mitten

手指套入的部分分成兩半的手套，只有大拇指分開，其他手指會合在一起。

鎧甲型手套
gauntlet

指從手腕到將手套入的洞口漸漸變得開闊、長度較長的手套，也指護手鎧甲、裝甲手套，或是指從手腕到手臂漸漸變得開闊的形狀。在時裝中，多指模仿中世紀騎士戰鬥時穿戴的金屬製鎧甲保護手腕部分的手套，不過騎摩托車、擊劍、騎馬時所使用的長度較長的手套也是同樣的名稱。

長手套
arm long

常用來搭配沒有袖子的洋裝、晚禮服、雞尾酒禮服穿戴，是覆蓋到手肘的長手套，能表現出優雅和高貴的氛圍。有緞面、皮革製等等，材質多樣。**手肘手套（elbow grab）、歌劇手套（opera glove）、過手肘手套（passe coudes）、晚禮服手套（evening glove）** 等等，長度較長的手套有很多種稱呼，也有很多種不同用途。

歌劇手套
opera glove

搭配觀賞歌劇用的低胸晚禮服（p.71）等沒有袖子的晚禮服穿戴，長度到手肘之上，是最長的手套。和長手套（arm long）幾乎是相同的意思，也稱為晚禮服手套（evening glove）。因為是女性正式服裝的一部分，所以華美的款式較少，幾乎都是簡單、色調彩度較低的款式。據說起源於中世紀歐洲皇室和貴族女性等做禮拜時的服裝穿著。

槍手手套
mousquetaire glove

設計上緊貼著手腕、長度較長的手套，手腕附近有切口，用鈕扣和金屬固定器具固定。mousquetaire是法文，意思是「槍手、騎士」，模仿18世紀法國制定的制服樣式所製成。

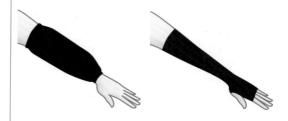

臂套
arm cover

筒狀的布兩端加上鬆緊帶縮緊製成，用來防止弄髒袖子（左）。長度很長的手套也稱為臂套（右），雖然形狀和長手套幾乎相同，但是現在多半指防曬用、覆蓋住手臂的一種裝飾配件，覆蓋住整個手臂，為了讓手指好活動，通常會露出手指前端。

短踝靴
bootee

長度在腳踝以下的女性用靴子，靴口多半是斜口。也可以說是較短的踝靴，因為穿起來可愛而受歡迎。露出腳踝，能給人腳看起來很細的印象。

綁帶靴
lace-up boots

鞋帶交錯綁緊固定的靴子。雖然能確實固定，但是穿脫需要費一番工夫。交叉的鞋帶也有很高的裝飾性意義。又稱為**交叉綁帶靴**。

西部靴
western boots

起源是牛仔使用的騎馬靴，因此也稱為**牛仔靴**（**cowboy boots**）。靴筒長度較長，靴口左右兩側較高，鞋尖做微尖頭設計，整體都會加上裝飾。

威靈頓靴
wellington boots

指皮革製或橡膠製，靴筒部分的長度較長的靴子。又稱為**長靴**、**橡膠長靴**。也指雨靴，法國品牌AIGLE、英國品牌Hunter的雨靴都是很有名的牌子。

黑森靴
hessian boots

18世紀左右，德國西南部黑森地區傭兵穿著的軍用長靴，靴口邊緣有穗狀裝飾。據說是威靈頓靴的原型。

騎士靴
cavalier boots

模仿17世紀騎士穿著的靴子，有稱為斗狀墜褶的較寬靴口，靴口會反折。也稱為**斗狀墜褶靴**（**bucket top boots**）。

雪靴
mouton boots

用mouton（羊的毛皮）製作而成的靴子。

側鬆緊帶靴
side gored boots

靴子兩側有帶狀拼接，是具有伸縮性的布條，讓穿脫變得更容易。長度主要到腳踝，在國外一般的名稱是**切爾西靴**（**chelsea boots**）。據說坂本龍馬曾經穿過。

工作靴
work boots

在工作時穿著的強韌靴子，多半指厚皮革製、綁帶式的靴子。很適合搭配丹寧服裝，市面上女用的工作靴也很多。

工程靴
engineer boots

作業員穿著的安全鞋以及模仿其樣式的鞋子。為了保護腳部，內部加上圓弧狀鞋底，固定的部分為了避免勾到其他東西，不使用鞋帶而是使用皮帶和皮革扣環，並使用厚底等設計。

佩可斯靴
pecos boots

半筒長靴，特徵是鞋頭寬而圓、鞋底也較寬、側邊有方便穿脫的拉帶（pull strap），且沒有鞋帶。pecos boots是Red Wing公司的註冊商標商品。

沙漠靴
desert boots

鞋頭圓、長度到腳踝的靴子。有2、3對鞋帶孔，鞋帶從左右拉緊固定，鞋底為橡膠製。走在沙漠的時候，為了避免沙子跑進鞋子中，鞋子上部和鞋底用車邊手法※縫合。

※鞋面皮革邊緣往外，露出縫線的鞋底縫合手法。

查卡靴
chukka boots

鞋頭圓、長度到腳踝的靴子。有2、3對鞋帶孔，鞋帶從左右拉緊固定。適合搭配休閒的服裝，形狀類似沙漠靴，但是鞋底不是橡膠製，鞋面和鞋底多半都是皮革製。

騎馬靴
jodhpur boots

1920年代出現的騎馬用半筒靴，腳踝處用皮革繩帶固定，第二次世界大戰的時候，許多飛行員也喜愛穿著。有時也會把側鬆緊帶靴稱為騎馬靴。

孟克鞋
monk shoes

鞋頭附近樸素，鞋面較高的部分用皮帶和皮帶扣環固定。模仿修道士（monk）穿著的鞋子樣式製成，也稱為**孟克帶鞋（monk strap）**。雖然不是正式鞋款，但是從西裝到休閒服裝都能廣泛搭配。

膝上靴
thigh high boots

長度到大腿附近，非常長的靴子。一般來說，過膝（knee high）是長度到蓋住膝蓋的意思，而到大腿中段的長度稱為膝上（thigh high），不過為了強調長度，有的過膝靴也會標示成膝上靴。

鈕扣靴
button up boots

不使用鞋帶而是用複數鈕扣固定的靴子。流行於19世紀到20世紀初的歐美。也稱為**爺爺靴**（grandpa boots）、**鈕扣高筒鞋**（button high shoes）。

涼鞋靴
sandal boots

指露出腳趾和腳跟的靴子，或是包覆腳踝部分的靴子風格涼鞋。融合涼鞋和靴子為一體的新創詞語。也有人會把魚骨涼鞋當作涼鞋靴的其中一種。

涼鞋
sandal

不包覆整個腳部，而是用環帶和繩帶等固定，露出面積很多的鞋子總稱。主要是在室外穿著用，沒有用繩帶等固定器具的稱為穆勒鞋。這個鞋款是古代埃及為了避免腳底被熱沙燙傷而創造出來的。

魚骨涼鞋
bone sandal

用多條皮革繩帶固定在腳上的涼鞋。仿古代羅馬劍鬥士（gladiator）穿著的卡利蓋涼鞋製成的款式，稱為**劍鬥士涼鞋**，但是大部分指的是同一種款式。

卡利蓋涼鞋
caliga

是羅馬軍隊士兵和劍鬥士穿著的涼鞋。用多條帶狀皮革製成，附著性高、不容易移位。是魚骨涼鞋（劍鬥士涼鞋）的原型。

廓爾喀涼鞋
gurkha sandal

以帶狀皮革編織而成的皮革製涼鞋，覆蓋住腳的上半部，透氣性良好又具有高支撐力。模仿尼泊爾的英國軍隊傭兵部隊廓爾喀士兵穿著的涼鞋製成。

華拉赫涼鞋
huarache sandal

墨西哥傳統的涼鞋，用皮繩編織而成，特徵是鞋底為平底，以及腳背部分由帶狀編織而成，在側面會交叉。使用於度假時和休閒場合，也有說法認為「稻草鞋」是其原型。

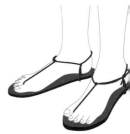

華拉赫赤足涼鞋
huarache barefoot sandal

鞋底為平底、只用固定腳踝和腳背的繩線製作而成的涼鞋。很多是手工製作，也做為跑步用涼鞋使用。

甘地涼鞋
gandhi sandal

原本是指用腳大拇趾和食趾夾著固定在木板上的突起穿著的涼鞋，也指人字繫帶樣式簡單的涼鞋。有說法認為莫罕達斯·甘地喜歡穿著這種涼鞋，但是這個說法尚未成定論。

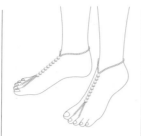

赤足涼鞋
barefoot sandal

勾在腳趾上，從腳背延伸到腳踝附近的裝飾用品，和涼鞋搭配，將露出的腳裝飾得更華麗時使用。或是指足部露出面積極多的涼鞋總稱。

海灘涼鞋
beach sandal

以在海灘穿著為前提，光腳穿著的人字繫帶平底涼鞋，簡稱**海灘鞋**，別名又稱**人字繫帶涼鞋**（thong sandal）。因為穿著走路時會啪搭啪搭地響，所以也稱為**啪搭涼鞋**（flip-flops）。

巴布許鞋
babouche

摩洛哥傳統的鞋子，皮革製、將腳跟部分踏平穿著，形狀和拖鞋很類似。多半會使用鮮豔的配色，並且加上刺繡等裝飾。

法國草編鞋
espadrille

西班牙草編鞋
alpargata

度假勝地和夏季時使用的涼鞋式鞋子，特徵是鞋底使用黃麻編織而成的繩子製成。腳背部分多半使用帆布。在法國這種鞋子也當作夏天的室內鞋使用，兩者起源相同，法文稱為espadrille、西班牙文稱為alpargata，加上繩帶的傳統樣式在西班牙較常見，在法國則是沒有繩帶的休閒樣式較常見。

凱帝斯涼鞋
caites

在墨西哥周邊使用的涼鞋，鞋底是麻製、鞋面是皮革製。

木鞋涼鞋
sabot sandal

從腳趾覆蓋到腳背，會露出腳跟部分的涼鞋。sabot是木鞋的意思，原本是指將重量輕的木頭挖洞後製作而成的鞋子。木鞋涼鞋一般使用木頭製和較厚的木栓製鞋底，加上皮革製或布製的鞋面製作而成。

拇趾環涼鞋
thumb loop sandal

套入大拇趾的部分是環狀的涼鞋。因為支撐力不高，因此多半是鞋跟高度較低的平底涼鞋。固定大拇趾部分的名稱為拇趾環，因此也稱為**拇趾環鞋。**

穆勒鞋
mule

不覆蓋住整體足部的涼鞋，只固定腳趾部分，沒有做固定腳跟部分的繩帶。

赫本涼鞋
hep sandal

露出腳趾部分，腳跟部分沒有繩帶的穆勒型涼鞋，鞋底為楔型底（p.110）。hep sandal是hepburn sandal的簡稱，名稱的由來是演員奧黛莉・赫本曾經在電影中穿過，也簡稱為**赫本鞋（hep）**。相當於日文中的**拖鞋**。

懶人鞋
slip-on

不使用固定器具和繩帶等縮緊鞋口的東西，只要將腳滑入就能穿著的鞋子總稱，是silp-on shoes的簡稱。鞋口靠近腳背的部分縫上鬆緊帶，讓鞋口有伸縮性。

運動鞋
sneakers

鞋底為橡膠製，鞋面為布製或皮革製，主要是運動用的鞋子。布製的鞋子也稱為**帆布鞋**。一般內側會使用能吸收汗水的材質，腳背部分用鞋帶固定。橡膠鞋底能提高運動時的摩擦力。

牛津鞋
oxford shoes

腳背部分用鞋帶打結固定的短靴、皮鞋總稱。英國牛津大學的學生在1600年代常穿著這種鞋子，因此取作此名。

觀者鞋
spectator shoes

1920年代紳士在觀賞運動賽事的社交場合穿著的鞋子。spectator是觀眾的意思。男用款式一般為黑色和白色拼接或茶色和白色拼接。

尖頭鞋
winkle pickers

鞋頭為尖頭的鞋子，在英國從1950年代開始主要是搖滾樂迷穿著，現在則是有龐克搖滾樂手常穿的既定印象。

布呂歇爾鞋
blucher

像是要把腳背部分包裹起來一樣，將鞋帶從兩側拉緊固定的皮鞋，有鞋帶的鞋子其中一種主流鞋款。名稱由普魯士軍隊的布呂歇爾將軍名字的英文拼音而來，也稱為**布魯歇爾鞋**。

巴爾莫勒爾鞋
balmoral

鞋口有像是切口般的 V 字形開口，主要用鞋帶固定的皮鞋。據說名稱的由來是19世紀中期，維多莉亞女王的丈夫阿爾伯特親王在巴爾莫勒爾城堡設計出此樣式。

布羅克鞋
brogue

指使用雕花裝飾(p.111)和穿孔加工等手法，加上眾多裝飾的皮鞋。被認為是翼紋(p.111)鞋的原型。

馬鞍鞋
saddle shoes

腳背部分使用不同顏色和材質皮革的鞋子，設計像是加上橫跨馬背的馬鞍(saddle)。變化有鞋帶、鞋筒短，組合不同素材的異材質鞋等。在英國是自古以來大家都很熟悉的設計。

流蘇飾片鞋
kiltie tongue

鞋子腳背到鞋口的部分切成段狀並加上繩結的裝飾皮革，或是指用裝飾皮革裝飾的鞋子。在高爾夫球鞋中很常見。也稱為**流蘇飾片鞋舌鞋**（shawl tongue），語源是鞋舌和蘇格蘭裙的皺褶很相似。

吉利鞋
gilie

蘇格蘭民族舞蹈使用的鞋子，特徵是腳背鞋帶穿過的部分呈現凹凸波浪狀。原本是狩獵和農事用。也有鞋帶綁到腳踝的款式。

帆船鞋
deck shoes

在遊艇和船隻甲板上使用的鞋子，鞋底有切割和波浪刻紋，加工成穿起來不易滑動的鞋子。考慮到要在船上穿著，因此使用防水性高的油皮製作。

莫卡辛
moccasin

U字形的鞋面皮革用莫卡辛縫法縫合而成，單純的懶人鞋（p.104），或是指這種皮革縫合方法。原本是使用一片鹿皮像是從底部包裹起來一樣，將鞋面皮革縫合而成。

袋鼠鞋
wallabies

將比莫卡辛稍大的U字形鞋面皮革縫合之後，鞋帶從左右拉緊固定的鞋子。wallabies這個名稱是英國品牌克拉克（CLARKS）於1966年推出的商品名稱。

樂福鞋
loafer

不用綁鞋帶就能穿著的懶人鞋類型皮鞋其中一種。像插圖般，腳背部分有像是可以夾入硬幣的切口款式，稱為**便士樂福鞋**（penny loafer）或是**硬幣樂福鞋**（coin loafer），有加穗狀裝飾的則稱為**流蘇樂福鞋**（tassel loafer）。

流蘇樂福鞋
tassel loafer

loafer的意思是懶惰的人，樂福鞋中，繩帶前端加上穗狀裝飾的款式稱為流蘇樂福鞋。穗狀裝飾（p.144）採用穗狀流蘇，在美國以律師常穿著而廣為人知。

地球鞋
earth shoes

特徵是鞋底的鞋頭比鞋跟稍微高了一點。以瑜伽的山式姿勢為基礎設計而成，用來幫助維持正確的姿勢，減低關節的壓力。

波蘭那鞋
poulaine

據說是起源於波蘭的鞋子，鞋頭為向後翹起的尖頭。西歐人從中世紀到文藝復興時期穿著。據說實用性很低的形狀也是貴族們不用勞動的證據。

平底鞋
flat shoes

主要是女性用的鞋子，沒有鞋跟或是鞋跟幾乎沒有高度的平底鞋，或是指平底的鞋底。多半是圓頭的包鞋款式，因為沒有鞋跟，穿起來不容易覺得疲累。芭蕾舞鞋是代表性的平底鞋。

芭蕾舞鞋
ballet shoes

跳芭蕾舞時要穿著的鞋子，或是模仿其樣式的鞋子。是使用柔軟素材製作的平底鞋。

低跟鞋
cutter shoes

鞋跟在2cm以下，低跟且為包鞋的鞋子。鞋面皮革多半分成兩種，一種像是莫卡辛一樣，一種像包鞋一樣，不過款式種類很豐富。類似的鞋款有莎賓娜鞋。

1950年代受電影影響而流行時有加上刺繡

現代則沒有刺繡

莎賓娜鞋
sabrina shoes

指低跟、鞋口很淺的包鞋類型鞋子。名稱由來是電影《龍鳳配》（原名：《Sabrina》）的主角演員奧黛麗・赫本曾經穿過。鞋面材質多半很柔軟，類似的鞋款有低跟鞋。

歌劇鞋
opera shoes

模仿紳士穿著的歌劇包鞋製作而成的鞋子，在觀賞歌劇和參加夜晚派對的時候穿著。現在市面上也有很多女性用款式。典型的樣式是黑色緞面和漆皮製，鞋頭會加上絲製的蝴蝶結。

瑪莉珍鞋
mary jane

大多是用扣帶固定住腳背的鞋子，其中鞋跟較低、鞋底較厚、有光澤的包鞋類型是最典型的樣式。瑪莉珍名稱由來是漫畫《巴斯特布朗》中，穿著這種鞋子的主角妹妹的名字。

T字繫帶鞋
T-strap shoes

指固定腳背部分的扣帶呈T字形的鞋子。也常根據鞋子種類，分別稱為T字繫帶涼鞋、T字繫帶包鞋等等。

包鞋
pumps

不用鞋帶和固定器具，露出腳背的鞋子總稱。

露趾鞋
open toe

主要指包鞋等鞋子，覆蓋腳背部分的鞋面在腳趾部分有開口的樣式，或指這種樣式的鞋子。正式場合不適合穿著露出腳趾和腳跟的鞋子，此外，鞋頭開口部分也不宜露出絲襪。

魚口鞋
peep toe

peep是「窺視、窺看」的意思。主要指包鞋等鞋子腳趾部分有小開口的樣式，或指這種樣式的鞋子。開口比露趾鞋小，一般不適合在正式場合穿著。

圓頭
round toe

呈和緩曲線、帶有圓潤感覺的鞋頭形狀，或是指鞋頭圓的鞋子。容易穿脫、不容易受到潮流影響，正式場合和休閒場合都可以使用的基本形狀。

尖頭
pointed toe

尖角的鞋頭形狀，或是指鞋頭是尖角的鞋子。這種形狀給人時尚而冷酷的強烈印象，有讓腳部在視覺上看起來長而細的效果。

杏仁頭
almond toe

像是杏仁般，有點細長的鞋頭形狀，或是指鞋頭是這種形狀的鞋子。介於圓頭和尖頭之間，比例平衡而容易搭配。

橢圓頭
oval toe

採橢圓 (蛋) 形的鞋頭形狀，或是指鞋頭是橢圓形設計的鞋子。也稱為**蛋形頭 (egg toe)**。

方頭
square toe

方角的鞋頭形狀，或是指鞋頭是這種形狀的鞋子。基本上腳大拇趾處和腳第二趾處要製作成幾乎是同樣長度。給人強烈地古典印象，可說是適合商務場合、正式場合的鞋子。

側鏤空包鞋
d'orsay pumps

剪裁掉部分鞋面，增加足部露出面積的包鞋。英文名稱來自以時髦優雅聞名的19世紀藝術家阿爾弗雷德・多爾塞伯爵。也有人把這種樣式和鏤空包鞋當作同樣的樣式。

鏤空包鞋
separate pumps

覆蓋腳趾的部分和覆蓋腳跟的部分是分離的包鞋。腳跟部分為了加上支撐力，有的會加上一般包鞋不會有的後跟繫帶。也有人把這種樣式和側鏤空包鞋當作同樣的樣式。

深口鞋
shooty

介於短踝靴 (p.100) 和包鞋之間，鞋口較深、幾乎要覆蓋到腳踝的包鞋。其英文是shoes和booty組合而成的新創詞語。鞋面面積廣，容易強調設計的特徵。

後跟繫帶鞋
back strap shoes

在阿基里斯腱部分用皮帶或皮繩環繞，或是用皮帶扣環等縮緊固定的鞋子。包鞋類型和涼鞋類型比較多。可以調整尺寸，因此步行的時候鞋子不容易移位。另外，因為露出了腳跟，而讓腳踝部分看起來較為清爽，但不太適合在正式場合穿著。也稱為**後吊帶鞋**（sling back shoes）、**露後跟鞋**（open back shoes）、**後跟扣帶鞋**（back belt shoes）、**後跟帶鞋**（back band shoes）等等，有多種稱呼。

交叉繫帶鞋
cross strap shoes

繫帶在腳背部分交叉，或是加上X字形繫帶設計的鞋子。

木馬厚底鞋
rocking horse shoes

有非常厚的木製鞋底，鞋底腳趾部分上翹，讓人聯想起木馬（rocking horse）的鞋子。因為鞋底很厚，鞋子多半會加上固定在腳踝的繩帶。

丘平高蹺鞋
chopine

流行於14～17世紀的義大利和西班牙，搭配長裙的厚底鞋。也有人認為是高跟鞋的起源。也有說法認為之後的巴黎沒有下水道設備，為了保護衣服不被路邊的髒污穢物弄髒，高跟鞋因而變得普及。

佩登套鞋
patten

中世紀到20世紀初期的歐洲，外出的時候為了避免鞋子被穢物和泥水弄髒，而穿戴在鞋子外的鞋外鞋。有形狀像是木屐一樣的木製款式，和加上環狀金屬的款式等等。

綁腿鞋套
overgaiter

為了提高保溫性、防止雪水、雨水和泥土從褲腳侵入，而套在鞋子上的鞋套。不覆蓋鞋子下半部，只用皮帶固定，常做為登山裝備，簡稱為**鞋套**（gaiter）。

鞋底加厚
storm

鞋底部分加厚的處理，或指加厚的厚底部分，以鞋底加厚、加厚涼鞋等語句表現。平底鞋、有鞋跟但鞋底薄的鞋子也會使用加厚處理。

厚底鞋
platform shoes

腳跟部分和腳趾部分都加高的鞋子，或是指這種鞋底。也很常指腳跟到腳趾連接在一起，鞋底厚度平均的鞋子。英文platform是「講台、台子」的意思。

楔型底
wedge sole

足弓的鞋底部分沒有削去的鞋底形狀。wedge是楔型的意思。

細鞋跟
pin heel

像是針一樣細而尖銳的鞋跟，或指有這種鞋跟的鞋子。能強調性感，又稱為**短劍跟（stiletto heel）**，stiletto是「短劍、匕首」，因為鞋跟像是劍一樣細長，而取了這個名稱。

義大利鞋跟
italian heel

筆直而且細長的鞋跟，或是鞋跟後方往內側彎的女性用鞋跟，也指有這種鞋跟的鞋子。

粗鞋跟
chunky heel

指比一般更粗的鞋跟，或是指有這種較粗鞋跟的鞋子。有時也指較厚的鞋跟，加上厚底時則稱為**厚底粗跟（chunky platform）**。

連跟
pinafore heel

腳跟部分到腳趾部分合為一體的鞋底，或是指這種鞋子。

甜筒型鞋跟
cone heel

上部粗，越往下變得越細越尖，斷面有圓潤感覺的鞋跟形狀，或是指有這種較鞋跟的鞋子。名稱來自冰淇淋甜筒。

線軸型鞋跟
spool heel

與接地面和上部相比，中間變得比較細的鞋跟形狀，或是指有這種鞋跟的鞋子。因為鞋跟形狀和紡織線軸（spool）很相似，而取作此名。

古巴鞋跟
cuban heel

鞋跟後方部分越往下越往前方傾斜的粗鞋跟，在西部靴等鞋子上可以看到。

香蕉型鞋跟
banana heel

鞋跟部分較粗、帶有曲線，接觸到地面的部分較細一些的鞋跟形狀，顧名思義，其形狀讓人聯想起香蕉。

西班牙鞋跟
spanish heel

腳跟部分前面垂直，後面彎曲的鞋跟。形狀和跟吉他琴頸裝琴弦的部分相同，因此使用同樣的稱呼。

梯形鞋跟
flared heel

越靠近接觸地面的部分就變得越粗的鞋跟，或指有這種鞋跟的鞋子。

內圓弧鞋跟
curved heel

鞋跟的內側彎曲，或是指有這種鞋跟的鞋子。

多層鞋跟
stack heel

用皮革和木板等薄素材重疊數層製成的鞋跟。有的是用像重疊了平行的印刷條紋圖案貼上去而產生的多層假象。

雕花裝飾
medallion

指在皮鞋鞋頭附近打上很多小洞的裝飾。原本是為了要排出鞋內的濕氣。medallion也指徽章和獎牌上的裝飾。

翼紋
wing tip

指在皮鞋鞋頭附近做了W字形的拼接或縫線裝飾，因為形狀讓人聯想起鳥的翅膀而取作這個名稱。日本的名稱是**龜飾**。常搭配打洞雕花一起裝飾。

帽子

特里蒙特帽
tremont hat

帽子特徵是帽簷（brim）窄和帽冠（crown，戴著的部分）會往上漸漸縮小。帽頂中間不做內凹，維持尖角戴上。

洪堡帽
homburg hat

帽簷全部上捲，帽簷邊緣用緞帶裝飾的帽子。在帽頂中央有摺痕。男性穿正式服裝的時候也會戴。

圓頂硬禮帽
bowler

用毛氈製作而成的硬帽子，頭頂部分為圓弧狀，帽簷短、一般會往上捲的帽子。主要是男性用，搭配禮服戴上。發源於英國，19世紀初期英國威廉·博拉製作，因此也稱為**博拉帽**（bowler hat），常在賽馬場配戴，因此也稱為**賽馬帽**（derby hat），另外還有**硬毛氈帽**（hard felt hat）的別稱，日文也稱作山高帽。

康康帽
boater

用稻草製作而成，特徵是帽體為圓筒形、頭頂部分平坦、帽簷為水平狀。原本是男性用，多半會打上蝴蝶結或加上緞帶。據說帽子以前是用清漆和膠固定，因此硬到敲打會發出鏘鏘的聲音，還有康康舞的舞者也會戴這種帽子，所以被稱為康康帽。日本從明治末期開始流行，起源是設計給乘船時和水手用的，不易損傷輕型帽子。法文為**canotier**。

狩獵帽
hunting cap

在前面部分加上小帽簷，頭部後方漸漸往下蓋的狩獵用帽子。發源於19世紀中期的英國，因為貼合頭部，戴起來不容易移位，所以也有很多人在打高爾夫球時配戴。別稱為**打獵帽**，日文稱為**獵鳥帽**。或許是因為夏洛克·福爾摩斯常戴外型類似的獵鹿帽（p.117），在日本大家也有偵探和警官會戴這種帽子的強烈印象。帽簷寬度和大小不同，給人的印象也不同。由帽簷側決定戴的位置。報童帽（p.115）也是狩獵帽的一種。

貝雷帽
beret

用羊毛和毛氈素材製作而成，圓潤平坦、沒有帽簷和邊框的柔軟帽子。據説起源是巴斯克地區農民模仿僧侶帽子製作而成，因此也稱為**巴斯克貝雷帽**。很多在頭頂部分會加上小布條和穗飾等裝飾。帽子開口加上鑲邊（滾邊）的款式稱為**軍隊貝雷帽**加以區別。美國陸軍特殊部隊會配戴這種帽子，因此綠貝雷也變成特殊部隊的別名。畢卡索和羅丹等畫家、手塚治蟲等漫畫家喜愛配戴這種帽子，因此也給人藝術家會配戴的強烈印象。

蘇格蘭圓扁帽
tam-o'-shanter

在較大的貝雷帽頭頂部分加上毛線球裝飾的帽子。起源於蘇格蘭民族服裝，英文名稱也簡稱為**tam**。

尼赫魯帽
nehru hat

圓筒形、頭頂部分平坦的帽子，印度首相尼赫魯喜愛配戴的帽子。

提洛爾帽
tyrolean hat

前面較小的帽簷往下，後面的帽簷往上反折的毛氈製帽子。起源於提洛爾地區的農夫帽子，側面會加上羽毛裝飾。也稱為**阿爾卑斯帽**，做為登山用的帽子也很受歡迎。

墨西哥帽
sombrero

主要在墨西哥較常見，使用毛氈和稻草製作而成，頭頂部分高聳、帽簷非常寬的帽子。很多會加上刺繡和裝飾繩帶等裝飾。以西班牙語中影子[sombra]來取名。

中摺痕帽
center crease

頭頂部分中央有摺痕的帽子。帽冠高聳、帽簷狹窄，很多會纏繞上寬緞帶。別名**軟帽（soft hat）**、**費德拉帽**、**費多拉帽（fedora）**，日本稱為**中摺帽**。

彈性帽簷帽
snap brim hat

帽簷下垂的帽子，帽簷（brim）的邊緣有彈性，戴的時候能自由彎折。又名**軟帽（soft hat）**。

巴拿馬帽
panama hat

將巴拿馬草的葉子撕開製作成繩線，使用這種繩線編織而成的帽子。有帽簷（brim）、輕而強韌、具有透氣性，常在夏天的度假勝地配戴，柔軟性很高也是特徵之一。原產於厄瓜多，名稱的由來是因為在巴拿馬的港口出貨。

嘉寶帽
garbo hat

帽簷寬而下垂，給人柔和印象的帽子。名稱的由來是女演員葛麗泰·嘉寶喜愛配戴這種設計的帽子。和稱為**寬邊垂帽**（slouch hat）的帽子幾乎相同。在日本也稱為**女演員帽**。

絲質禮帽
silk hat

紳士用的正式帽子。帽冠（頭戴的部分）為圓筒狀，帽冠頂部平坦，兩側的帽簷往上反折。帽冠有摺痕的款式也稱為**洪堡帽**（p.112），或稱為**高頂帽**（top hat）。

牧童帽
gaucho hat

南美洲草原地區的牛仔所戴的帽子。特徵是帽冠往頂端會漸漸變細和帽簷較寬。

寬邊軟帽
capeline

capeline是法文中帽簷較寬的帽子總稱。代表性的帽子是帽冠較大、帽簷柔軟的帽子，以及邊緣往內折的帽子。材質多半是稻草編織和布製。也稱為**卡布林帽**。

柏格瑞帽
bergere hat

特徵是帽簷寬而柔軟、帽冠低而小的稻草帽。現在也用各種素材來製作。在下巴下方用繩線固定。據說瑪麗·安東尼曾經戴過這種帽子。還有別名為**擠奶女工帽**（milkmaid hat）。

布列塔尼帽
breton

指較淺的帽簷往上反折的形狀，或這種形狀的帽子。在日本特別指前側的帽簷往上折、後側的帽簷往下蓋的帽子。原本是法國布列塔尼地區農民的帽子。

鐘型帽
cloche

釣鐘型、帽簷窄而稍微朝下、帽冠很深的女性用帽子，很多會纏繞上緞帶裝飾。帽簷會蓋住臉部，具有很強的遮蔽陽光功能。

蘑菇帽
mushroom hat

帽簷朝下、且有點向內捲、輪廓讓人聯想起香菇(蘑菇)的帽子總稱。

水手帽
crew hat

有用6片到8片的布片製作而成的圓形帽冠，帽簷加上很多縫線裝飾的帽子。日本以幼兒園和托兒所的幼兒所戴的黃色帽子而為人所知。別稱有**地鐵帽**(metro hat)、捕蟬帽。

報童帽
casquette

狩獵帽的其中一種，帽冠由複數布片組成，前側加上帽簷的帽型。為了做區別，寬大而具有份量感的稱為狩獵帽。是摩斯風格穿搭的經典單品。

阿波羅帽
apollo cap

模仿美國國家航空暨太空總署(NASA)的職員所戴的工作帽製成的帽子。形狀是帽簷較長的棒球帽，特徵是帽簷會加上月桂樹的刺繡。很多消防隊、警察署、軍隊和保全公司等，會使用當作制服帽。

五片帽
jet cap

較淺的帽冠是由前側1片、上部2片、左右各1片，共5片布片製作而成，像帽簷較寬的棒球帽。左右的布片很多會加上透氣洞。在街頭穿搭很常見。又名**五分割帽**(five panel)。

牛仔帽
cowboy hat

美國西部牛仔所配戴的帽子。較寬的帽簷往上捲，頭頂部分有摺痕。西部拓荒時期西部帽的其中一種。典型的牛仔帽大多被稱為**牧牛人帽**(cattleman)。

十加侖帽
ten-gallon hat

帽簷往上捲、帽冠較圓的西部帽。雖然分類上屬於最大的西部帽，但是實際上牛仔幾乎不戴這種帽子。

護頸帽
cape hat

指加上了覆蓋後腦勺部分的布的帽子。加上的布讓人聯想起斗篷，因此英文名稱取作cape hat。

嬰兒帽
biggin

像是頭巾般，輪廓緊貼著頭部，下巴下方有綁帶的帽子。主要是幼兒用，有時也指睡帽。據說起源是比利時貝居安修道院修女的頭巾等。

曼提拉頭巾
mantila

用蕾絲和絲絹覆蓋頭部和肩膀周邊的女性用頭巾。西班牙等地，後腦勺會用梳子加高戴上，也稱為**曼提亞頭巾**。

罩帽
bonnet

巴佛蕾
bavolet

罩帽是18世紀到19世紀歐洲代表性的婦人用帽子。由柔軟的布製成，雖然有的前側有帽簷（brim），但是原本是沒有帽簷的，從頭頂部分覆蓋到後腦勺部分，露出額頭，在下巴下方用繩線打結固定。原本是已婚者配戴的帽子，而且也有男性用的款式，最近比較常使用在蘿莉塔時尚、嬰兒服等服裝上。也稱為**巴內帽**。巴佛蕾則是指加在罩帽靠頸部處的薄紗（布幕）。

野戰帽
Krätzchen

拿破崙時代普魯士士兵所戴的無帽簷圓形帽。多半是毛氈製，之後各國軍隊也採用這種帽子做為軍帽。據說加上帽簷的野戰帽是後來的警官帽原型。

海軍士兵帽
sailor hat

海軍士兵戴的時候一般會像插圖畫的一樣，將帽簷全部反折。別稱為**加布帽（gob hat）**。若帽簷朝下，會變成像安全帽的水手帽（p.115）形狀。

海軍帽
marine cap

船員和歐洲漁夫所戴的帽子。形狀類似學生帽和警官的帽子，上半部用柔軟的素材製作，也稱為**海洋帽**。

騎馬帽
riding cap

騎馬用的圓帽，為了在落馬的時候可以保護頭部，而製作成堅固的安全帽式。表面素材很多也會使用天鵝絨和加工鹿皮。其別名為**騎師帽（jockey hat）**。

獵狐帽
fox hunting cap

狩獵狐狸時用的狩獵用帽子。據說是騎馬用的騎馬帽原型。因為名稱類似，所以常常和狩獵帽混淆，但是兩者是不同的帽子。

獵鹿帽
deerstalker

狩獵用的帽子，大片護耳在頭頂部分用緞帶固定。前後都有帽簷，後側的帽簷是為了保護頸部不被後側的樹枝等弄傷。日文稱為**擊鹿帽**。

自行車帽
cycling cap

材質輕薄、帽簷小的自行車用帽子。為了避免低頭的時候遮蔽視野，帽簷反折。可以防止汗水流入眼睛裡，戴在安全帽裡面能防止安全帽移位等等，有各種使用方法。別名為**自行車運動帽**。

圓筒軍帽
Képi

警官和軍隊等使用的帽子，頂部平坦、帽簷短而呈水平狀。是1830年代制定的法國陸軍制服帽。Képi也是法國的學生帽、警官帽、郵務配送人員帽等等制服帽子的總稱。

海外駐軍帽
overseas cap

海外駐兵的軍隊會使用的帽子，特徵是沒有帽簷、可以摺疊起來。也稱為**駐軍帽（garrison cap）、船型帽**等。

遮陽帽
sun visor

為了避免太陽光直接照射到眼睛的遮陽帽，只有帽帶和帽簷。從事高爾夫球和網球等運動時很常使用。也稱為**護眼帽（eye shade）、防曬帽（sun shade）**。

伊頓帽
eton cap

前側有較短的帽簷，貼合頭部的圓形帽子，原型是英國伊頓學院的制服帽子。

學士帽
mortarboard cap

14世紀開始做為大學和學院的制服帽，頂部是板狀的帽子。因形狀類似水泥工匠盛裝砂漿的托盤（mortarboard），而取作這個名稱。

托克帽
toque

中世紀貴族使用的淺圓筒形帽子，加上面紗的款式很常見。

雞尾酒帽
cocktail hat

搭配雞尾酒禮服戴的帽子總稱。和禮服使用相同材質製作，多半會加上蕾絲、緞帶和羽毛等裝飾。托克帽也常被當作雞尾酒帽的一種。

土耳其毯帽
tarboosh

沒有帽簷（brim）的圓筒形帽子，伊斯蘭教教徒用來代替頭巾使用。其別名為**菲斯帽（fez hat）**或是**切奇亞帽（chechia hat）**，在日本稱為**土耳其帽**。

格倫加里帽
glengarry

蘇格蘭格倫加里溪谷的家族所戴的帽子。沒有帽簷（brim），用羊毛和毛氈製作而成，也當作軍帽使用。

錐形頭飾
hennin

流行於中世紀14世紀，是細長高聳的圓錐形帽子，英文hennin是角的意思。也可以看到加上垂墜的長薄紗、罩上麻布裝飾的款式。

夏布隆巾帽
chaperon

中世紀時，歐洲人所穿戴的有垂墜布料的頭巾式帽子。

凱普黑
Käppchen

德國施瓦爾姆斯塔特周邊地區，未婚女性所穿戴，形狀像是小杯子一樣的紅色髮飾。據說因為格林童話《小紅帽》和這種帽子連結在一起而變得廣為人知。

小丑帽
clown hat

是馬戲團小丑配戴的帽子，代表性的形狀是像大聲公一樣的圓錐狀。

海軍守衛帽
watch cap

海軍軍隊監視守衛的時候所配戴，貼合頭部的針織帽子。特徵是為了確保擁有最寬程度的視野，帽子沒有帽簷，並且緊貼著頭部。也稱為**守衛軍帽**。

寬針織帽
tam

棉質針織帽，雷鬼音樂的愛好者特別常使用以拉斯塔法里顏色（紅、黃、綠、黑）製作而成的**拉斯塔法里帽**，也稱為**針織帽**。

飛行帽
flight cap

操縱飛機和騎乘摩托車的時候，為了防寒、防風而配戴，覆蓋到耳朵的帽子。也稱為**獵人帽**（trapper hat）、**飛行員帽**（pilot cap）、**飛行用帽**。附有護耳，通常和護目鏡一起穿戴。

斗笠
coolie hat

形狀是開闊大圓錐形的傘型帽。英文名稱是來自於19世紀從事肉體勞動工作的中國勞動苦力（coolie）會戴上這種帽子。現在尼龍製的斗笠也用在釣魚等活動上。帽體和頭部分離，因此透氣性良好。

斗笠帽
chillba hat

形狀是開闊大圓錐形的傘型帽，很多會使用可以摺疊的柔軟素材來製作。美國品牌KAVU製的帽很有名。帽傘和頭部之間有空隙，透氣性良好。

拿破崙帽
bicorne

以拿破崙戴過而為人所知，形狀像是摺疊成二個角的帽子。也稱為**二角帽子**、**山型帽**、**雙角帽**（cocked hat）、**二角帽**（bicorne）等。可以直戴也可以橫戴。

佛里幾亞無邊便帽
phrygian cap

圓錐形、從中間（多半是前側）開始彎曲往下垂的柔軟帽子，主要是紅色。古代羅馬設計給被解放的奴隸戴的帽子，象徵未來已自由不受支配，法國大革命時代的無套褲漢（推動革命的社會階層）也戴。也稱為**自由之帽**（liberty cap），也稱作**佛里幾亞帽**。

哥薩克帽
cossack cap

俄羅斯哥薩克軍使用的帽子，用毛皮製成、沒有帽簷（brim）。也稱為**哥薩克毛皮帽**。形狀相同，加上護耳的帽子多半稱為烏香卡帽和俄羅斯帽以區別。

烏香卡帽
ushanka

有護耳、但是沒有帽簷（brim）、用毛皮製成的帽子。極寒地區的俄羅斯軍隊等也會穿戴的帽子，沒有護耳的帽子多半稱為哥薩克帽來做區別。別名為**俄羅斯帽**。

浣熊皮帽
coonskin cap

用浣熊毛皮製作而成，有尾巴的圓筒形帽子。coonskin是浣熊毛皮的意思。也以美國的拓荒者大衛・克拉克（Davy Crockett）的名字命名，稱為**大衛・克拉克帽**。

捲邊帽
roll cap

多半指邊緣往上捲的棉質針織帽。帽簷往內側捲成圓形的狀態稱為**捲帽簷（roll brim）**，也指這種狀態的帽子。

小瓜帽
calotte

貼合頭部的半球形帽，有些天主教神父也會穿戴。又稱**卡洛塔帽**、**無邊便帽（skull cap）**、**卡洛特帽（calot）**。也會在戴安全帽等時戴著當作內襯。

特本頭巾
turban

中東和印度男性使用的頭飾，使用的時候將麻質、棉質、絲質等長布條纏繞在頭部，伊斯蘭教教徒和印度的錫克教教徒也會使用。另外，用布纏繞製作而成的帽子等也稱為**特本帽**。

阿拉伯頭巾
kufiya

阿拉伯半島周邊的男性所戴，用輪圈固定住布而成的帽子、裝飾品。固定布的輪圈稱為伊卡（iqal、gakar），用山羊毛製成。最具代表性的是紅白花紋布，有各式各樣的固定方法。也稱為**古特拉（ghutrah）**。

帕里頭巾
pagri

在草帽（稻草帽）等帽子上纏繞上棉布等布條，後側垂下的一種特本頭巾。具有防曬的功能。也寫作「pubree」。

希賈布
hijab

伊斯蘭文化圈的女性主要用來覆蓋頭部的布。hijab在阿拉伯文中的意思是覆蓋的東西，也稱為**希賈布頭巾**。寬鬆輕薄的外套稱為阿巴亞（abaya），也是阿拉伯半島的民族服裝，覆蓋眼睛和手腳前端以外的地方。

尼卡布
niqab

伊斯蘭文化圈的女性為了覆蓋眼睛以外的頭部和頭髮而使用的面紗。多半是黑色，niqab在阿拉伯文中是面罩的意思。又稱**尼卡布頭巾**。眼睛部分是網狀的斗篷狀服裝叫波卡（p.91）。

溫波頭巾
wimple

中世紀歐洲女性穿戴的頭巾，從頭部、臉部兩側覆蓋到頸部附近。近代可以在修女的服裝上看到。

巴拉克拉瓦帽
balaclava

不只覆蓋了頭部，也覆蓋到頸部等部位的衣服（帽子），主要的功用是防寒。在日本稱為**露眼帽**。帽子最少會露出眼睛，也有露出鼻子和嘴巴的款式，種類眾多。因為隱藏的部分很多也稱為**面罩**，戴起來給人很強的犯罪者印象。

顯瘦穿搭技巧❷

透膚感服裝和內搭

穿著透明度高的上衣時，裡面穿著的內搭如果是淺色，會讓整體看起來膨脹。內搭穿著顏色深而暗、可以看出身體曲線的款式，就可以兼具可愛感和顯瘦。

× 　○

頭飾
fascinator

在髮夾和髮梳上加上緞帶、蕾絲和羽毛等，裝飾性高的髮飾。在正式場合和派對等場合，當作婦人用的帽子、髮飾使用，和雞尾酒帽幾乎是相同的用途。

彈簧髮夾
barrette

髮夾的一種。在加了裝飾的基座上，加上主要是金屬製的夾子狀五金固定頭髮。基座常使用塑膠、金屬、皮革等素材，最近也可以看到陶瓷等材質的基座。

鯊魚夾
vance clip

從兩側將髮束抓住夾起的髮夾。中間有絞鏈，大多是左右對稱樣式。vance clip是日本發明的英文名稱，在國外叫**鳥爪夾(claw clip)**。

圓形香蕉夾
tail clip

將頭髮綁成一束的時候專用，圓形、開口互勾固定的髮夾。用這種髮夾綁馬尾等髮型，不用髮圈就可以固定。

針插式髮簪
majeste

將彎曲的表面部分維持貼在頭髮的狀態，將棒狀簪插入以固定頭髮，據說是髮簪變化而來的髮飾。

髮插梳
comb

像是細針一樣的梳齒等間隔排列而成的梳子型髮夾、髮飾。comb是梳子的意思。

大腸髮圈
chouchou

在甜甜圈狀的布環裡面穿上鬆緊帶後縮皺而成的髮飾，也稱為**布髮圈(scrunchie)**。

髮箍
katyusha

用具有彈性的樹脂和金屬製作而成的C字形髮飾。katyusha是日本獨有的稱呼，來自於托爾斯泰小説《復活》中主角的名字「卡秋莎」。會加上圓珠、施華洛世奇水鑽和緞帶等裝飾，樣式豐富。

髮帶
hair band

後側部分或整體都是用
鬆緊帶製作，戴起來像
是髮箍的髮飾。又叫做
頭帶（head band）。

荷葉邊髮帶
brim

帽子的帽簷部分稱為brim，而像是髮箍加上荷葉邊
的頭飾也稱為brim，在女僕的服裝上很常見。這種
頭飾很多是白色的，白色的會稱為**白色荷葉邊髮帶**
（white brim）。

冠狀頭飾
tiara

戴在頭部上，鑲嵌了寶
石等的女性用髮飾、頭
飾。形狀是冠型環狀，
或是尾端藏在頭髮內的
半環狀。裝飾不在後側
而是位於前側。也稱為
皇冠頭飾。

尖嘴夾
concord clip

形狀像是鳥類的嘴喙，
夾住一小束頭髮時用的
髮夾。也稱為**鴨嘴彎夾**
（duck curl clip）或是**鳥
嘴夾**。

按壓髮夾
hair snap clip

形狀是三角形和菱形，
主要是金屬板加工製成
的固定用髮夾，能讓頭
髮服貼，也稱為**彈壓髮
夾**，按壓固定時會發出
聲音。

U 形夾
hair pin

彎曲成 U 字形的髮夾。
將頭髮往上挽時，方便
固定成髮髻，在梳包頭
時常使用。

波浪髮夾
american pin

固定頭髮用的髮夾，金
屬線折成一邊較短的波
浪型，前端稍微上翹。
日本以外稱為**bobby
pin**，英國等稱為**hair
grip**等。依形狀不同，
直線型的髮夾則稱為**直
線髮夾**加以區別。

髮髻套
chignon cap

戴在髮髻和馬尾上的東西，chignon本身的意思就是綁在後腦勺的髮髻。另外，也有**髮髻網**（chignon net）和**髮髻罩**（chignon cover）等別名。

耳罩
ear muffler

形狀和頭戴式耳機相同的耳朵用防寒用具。名稱是原本是指遮音、防音用的耳朵護具，是耳朵（ear）和圍巾（muffler）組合而成的詞語，也使用英語國家的稱呼**暖耳罩**（ear muff）。相當於日文的**護耳**。

顯瘦穿搭技巧❸

寬鬆的上衣搭配緊身褲

上半身和下半身都展現身體曲線需要很大的勇氣。寬鬆而有餘裕的上衣搭配明度較低的貼身褲子，例如緊身褲（p.59）和內搭褲（p.61）等，就能隱藏上半身的線條，給人身體很纖細的想像。

用縱長型飾品轉移視線焦點

佩戴和上衣不同顏色的縱長型飾品或項鍊，不只能將視線焦點往上轉移，也能強調縱長線條，給人整體身材纖長的印象。

直條紋比橫條紋更好

即使是完全相同的條紋，比起橫條紋，直條紋能讓縱
向線條看起來更長，因此穿起來會更清爽，而且能讓
身高看起來更高。如果還是想要穿看起來可愛的橫條
紋衣服，選擇輪廓寬鬆的樣式，就能給人底下的身體
很纖細的想像。

強調腰線穿出清爽感

穿著下擺開闊的淡色連身洋裝時，比起用較寬的衣服
隱藏體型，在腰的位置加上腰帶強調出腰線會更好。
不會破壞穿搭給人的印象，又能增加清爽感和輪廓的
美感。

內層衣服和下半身統一使用暗色

穿著使用較亮膨脹色的厚外套時，內層衣服和下半身
要統一穿較暗的同系統（同色調）。刻意做出的縱長線
條，就能給人體型緊實的印象。

白色系褲子要穿褲腳剪裁褲

白色系褲子在炎熱的時期能強調出清爽感，但是因為
白色是膨脹色，穿起來容易變胖。
要穿褲腳剪裁褲和莎賓娜褲（p.66）等，務必露出整個
腳踝，創造出美麗的腿部輪廓和長腿效果。

橫型背包
lycée sac

附有提把的背包式通學用橫長型包包。lycée 是法國的公立高中，因為女學生使用了這種包包，而取作這個名稱。

劍橋包
satchel bag

英國傳統的通學用手提包包，或是以這種樣式為原型的較小旅行包和公事包。有的後側也有背負用的背帶，在電影《哈利波特》中的主角就是用背的。

風琴包
accordion bag

底部和側邊部分呈風箱狀，可以調整厚度的包包。像是風琴一樣可以伸縮，因此而有此名。

機車包
editor's bag

較大的皮革包，因為時尚雜誌編輯及明星的使用而開始受到歡迎。特徵是形狀為可以放入A4文件的長方形以及可以背在肩膀上的較長提把。

露華包
novak bag

以活躍於1950年代的女演員金‧露華為概念設計出來的包包，2005年由英國的設計師亞歷山大‧麥昆發表。

香奈兒包
chanel bag

加上菱格壓紋的皮革製包包，特徵是香奈兒的標誌，以及提把處是用金屬鍊條和皮革繩帶纏繞製成。是經典的高級包款，法國品牌香奈兒（CHANEL）製造。

凱莉包
kelly bag

法國品牌愛馬仕（Hermès）製造的包包，特徵是底部較寬、形狀呈梯形、較短的包蓋和用鎖扣固定。摩洛哥王妃葛麗絲‧凱莉曾經使用這款包包擋住懷孕中的腹部避免記者拍攝，經雜誌報導後，愛馬仕取得了使用她名字的許可，將這款包包冠上了凱莉之名，現在有名到被認為是手提包的一種基本型。愛馬仕的凱莉包也以非常昂貴而為人所知。

柏金包
Birkin

較短的包蓋用皮帶和鎖扣固定,梯形、收納力很高的包包,法國品牌愛馬仕(Hermès)製造。原本是為了女演員珍‧柏金而製作的包款,後來變成常態販售商品,以高價而為人所知。此外,因為柏金包構造複雜,製作起來很困難,皮包師傅會製作同樣包型的包包以展示自己的技術,所以也可以看到很多其他品牌製作的同包型包包。

襯棉車線包
quilting bag

是使用襯棉車線布製作而成的包包,襯棉車線布(p.166)是外側和內側間夾著棉和羽毛等,用車線描繪出花紋並將內外層縫合在一起。有的車線是裝飾用花紋,做菱格狀車線的包包也很多。

奶奶包
granny bag

加上皺褶和活褶,外形有圓潤感的包包。英文名稱中的granny是奶奶的意思。很多是手工製作、還會加上刺繡的懷舊設計。形狀能自由改變,因此可以裝很多東西。

肯亞編織包
kenya bag

用瓊麻、香蕉、猴麵包樹皮等製作的繩線編織而成的包包,也是藤編包的一種。半球形、能背在肩膀上,很多會加入異國風或是非洲風格的編織圖案。材質強韌,具有很強的度假感。用手工編織而成,每個民族都有不同的設計。主要的材料是瓊麻,因此也稱為**瓊麻包**。不只是做為伴手禮,也盛行出口至歐洲和日本等國,製作出很多設計性、機能性、收納力都很高的款式。肯亞稱為**奇翁多**(kiondo)。

果凍包
jelly bag

用橡膠、PVC樹脂等材質製成,顏色鮮豔、帶有光澤的包包。因為具有防水性,有的會製作成半透明,專門放泳裝等物品。流行於2003年左右。

水桶包
bucket bag

開口用穿過的繩線縮緊開合的包包。日文稱為**布巾包**。另外,也指輪廓像是水桶般的包包。

流浪包
hobo bag

新月形的肩背包。hobo 是「正找尋工作的流浪者」的意思，有說法認為這個名字的由來，是因為包包形狀和1900年左右美國四處求職的人所拿的包包相似。

晚宴包
evening bag

日落後舉行的晚餐會和派對用的包包，比起實用性高的款式，小型而裝飾性高的款式較多。

手拿包
clutch bag

指沒有提把、用手臂夾著、抱著攜帶類型的包包。派對用的款式很多會加上鎖等。

化妝盒
minaudiere

指用來放化妝品等，手掌大小的小型派對包。

信封包
envelope bag

形狀像是信封般，有長方形包蓋覆蓋的包包。英文envelope是信封的意思。

雞尾酒包
cocktail bag

形式比晚宴更隨性一點的派對用的小型包。有用手臂夾著、抱著攜帶和有提把兩種類型，很多會在絲絹和皮革材質上，加上刺繡和珠寶等豪華的裝飾，具有很強烈的裝飾品要素。

腰部掛袋
aumônière

加了裝飾的小型布製手提包。起源於中世紀時期在腰部垂掛的布製袋子，據說加在衣服裡面的袋子後來變成口袋，維持袋子形狀的則是現今手提袋的原型。

縮口小袋
reticule

開口處有拉緊縮口的繩線，是婦女放小東西用的袋子。在18世紀末期到19世紀的歐洲，用來代替裙子口袋使用。

暖手包
muff bag

可以將手從左右開口放入的圓筒形包包，兼具防寒和裝飾的功用，多會使用毛皮製作。沒有收納物品的功用，單純用來防寒和裝飾的東西稱為暖手筒（muff）。

水壺包
canteen bag

形狀像是水壺的包包，或指模仿水壺形狀的包包。canteen是水壺的意思。以低矮圓筒形、附肩背帶的款式較多。因形狀是圓形，也稱為**圓餅包（circle bag）**。

造型師包
stylist bag

造型師用來攜帶工作用的工具、衣服和小東西等的大型包包。因為常用來搬運大量的東西，因此包包設計簡單，都可以背在肩膀上。

醫生包
doctor's bag

醫生外出診療時使用的包包。使用口金構造，開口寬闊，附有銅製的鎖和強固的手把。也當作商務、旅行用的包包使用。也稱為**杜勒斯包（dulles bag）**。

工具包
gadget bag

有很多口袋、內部有很多分隔，機能性高的包包。攝影師可依照不同功能分類收納小東西，狩獵時也可以使用。很多是肩背式。也稱為**工具收納包**。

圓筒包
barrel bag

附有提把、像是圓筒一樣的圓筒形包包總稱。barrel是圓筒的意思。多半是運動用的大容量款式，但是比較小型、女性用的同樣形狀包包也能用此名稱。

保齡球包
terrine bag

底部平坦的半圓形包。特徵是有加上拉鍊的大開口。有強固的提把，實用性也很高。因為形狀類似製作法國料理凍派的道具，所以英文取作這個名稱。

麥迪遜包
Madison bag

1968～78年艾斯有限公司推出，廣受歡迎的學生用塑膠材質包包。名字和麥迪遜花園廣場沒有關係這點也廣為人知，雖然賣出了2000萬個，但是類似的商品也很多。

西裝收納包
garment bag

可以將吊掛在衣架上的衣服直接收納、攜帶的包包，garment是衣服的意思。常在旅行和出差的時候用來攜帶西裝等衣服，防止衣服出現皺褶。

郵差包
messenger bag

模仿郵差用的包包製作而成，斜背在肩膀上，騎自行車穿過塞車的車陣配送東西用。一般尺寸是文件不需凹折就可以攜帶的大小，並且有較大的開口。

腰掛藥包
medicine bag

指美國原住民垂掛在腰間，攜帶煙草、藥草和藥品用的袋子。現在指垂掛在腰間的包包，皮革製的款式很常見。也稱為**印地安藥包**。

攀岩粉袋
chalk bag

從事抱石攀登和攀岩運動的時候垂掛在腰間，放止滑粉（chalk）用的袋子，也可看作繫在腰部裝小東西用的包包。

腰包
waist bag

拉緊腰帶繫在腰上，和腰帶融為一體的較小包包。也稱為**腰袋（waist pouch）**、**皮帶包（belt bag）**。常在工作中想空出兩手的時候、運動的時候使用。

馬鞍包
saddle bag

裝在馬鞍或自行車、摩托車座椅上的包包，或模仿其形狀的包包，又叫**座椅包（seat bag）**。現在裝在自行車座椅後方的筒狀包包，或是裝在摩托車側邊的包包也稱為馬鞍包。

拉桿包
carrier bag

在英語國家指所有搬運東西的包包，也指商店內將商品放入搬運的包包等，但是在日本是指底部有輪子，移動時輪子能轉動，提把也能夠拉長步行的包包。拖動時會發出喀啦喀啦、扣囉扣囉的聲音，因此也稱為**卡拉包**、**扣囉包**。拖著較小的包包看來像是帶著小豬一起走，因此在日本也稱為**小豬拉桿包（piggy suitcase）**。受到帶上飛機的登機箱（carry on baggage）等的影響，在日本這個名稱的意思有點模糊。別稱為**手推車包（trolley bag）**。

拳擊包
bon sac

bon sac是法文中「筒狀的縱長型包包」的意思，特徵是本體的開口用繩綁固定、單肩背。很多是設計為軍用和在嚴酷環境長時間使用，一般是堅固的皮革製和帆布製。

小後背包
rucksack／backpack

在英語國家，背在背後的包包不論尺寸大小多稱為backpack，但是在日本，日常生活中使用的小背包則多用德語的rucksack來稱呼。

一日後背包
daypack

在英語國家，背在背後的包包不論尺寸大小多稱為backpack，但是在日本較小型的背包多稱為daypack，意思是指能放入一天所需要使用的東西。

登山後背包
sack

在英語國家，背在背後的包包不論尺寸大小多稱為backpack，但是在日本，登山時將行李背在背後所使用的大容量包包、袋子，大多稱為sack。

束口包
knapsack

用較長的繩子穿過袋子口，往兩側拉，可將袋口束起，剩下的繩子做為背帶，可背在背後，多半為布製，也稱為**束口背包（knapsack）**。

筒狀包
duffle bag

原本指軍隊和船員裝雜物的袋子，是用帆布和麻布等強韌的布料製作而成的圓筒狀包包。現在指縱長型筒狀、開口縮緊背起的款式，以及橫長型波士頓包款式的運動包這兩種包型。

購物袋
shopper bag

英文名稱的意思是「購買東西的客人使用的包包」，顧名思義，是購物時使用的較大包包。很多也會印上商店的名稱、標誌和設計，用來放商品、加上品牌名稱的紙袋也稱為購物袋。

打包袋
doggy bag

用來讓客人將沒有吃完的料理帶回家的容器或袋子，而非食物外帶用的容器。doggy是「小狗用」的意思，表面上是用來將料理帶回家給飼養的小狗，美國一般用來打包食物。

小配件

假領片
tippet

指由毛皮、蕾絲和天鵝絨布製成,掛在肩膀上的領子類型頸部配件和披肩斗篷。

斗篷領片
capelet

指覆蓋住肩膀的較小斗篷。隨著拼接的形式不同,像是短斗篷的稱為斗篷拼接(p.139),有時也叫做斗篷領片。

圍脖
snood

沒有兩端的圍巾,套在頸部上的環狀(圓圈)防寒用具。較大的圍脖能垂下成像是圍巾一樣,也能套成兩圈製造出份量感,不用擔心散開,用法豐富。

阿富汗披巾戴法
afghan scarf

前方呈倒三角形的披巾戴法。基本的戴法是披巾沿著對角線折成三角形,圍在頸部上,接著在前方的三角形之下打結固定。一般使用有流蘇的一片布巾,日本的俗稱為**阿富汗披巾**。

阿斯科特領帶
ascot tie

寬度寬且長度較短的領帶。起源是參加英格蘭阿斯科特希斯舉行的賽馬時,貴族搭配晨禮服一起使用的領帶。搭配翼領(p.18),或是打在義大利領(p.16)內側。

俱樂部領結
club bow

從中心到兩端都是同樣寬度、呈現水平狀的領結。俱樂部的負責人和工作人員會佩戴這種領結,或是領結形狀像是棍棒(club)一樣呈現棒狀,而取作這個名稱。

翼狀領結
wing tie

兩端像是翅膀的形狀一樣展開的領結。

交叉領結
cross tie

緞帶狀的布帶在領口交叉,在交叉點用別針固定而成的領帶。這是一種簡化過的領結,被當作簡易禮服的配件。正式的名稱是**相互交叉領結**(crossover tie)或是**大路領結**(continental tie)。

斯圖克領帶
stock tie

騎馬和狩獵的時候，像是纏繞在頸部上一樣戴上，在胸口打成小結或是在後方固定的帶狀領飾。使用安全別針當作領帶針，是把斯圖克領帶當作簡易繡帶、領帶針當作固定繡帶的別針時保留下來的習慣。

拉瓦利埃爾領結
lavallière

較大的蝴蝶結領帶。

克拉瓦特領巾
cravate

被認為是領帶的起源，繞在頸部周圍的裝飾用絲巾狀布。據說起源是克羅埃西亞輕裝騎兵繞在頸部的絲巾，英文名稱cravate也是克羅埃西亞軍隊的意思。

環繩領帶
loop tie

用兼作裝飾的固定器具（領帶繩扣）縮緊的繩狀領帶。也稱為**波洛領帶**（**bolo tie**）或是**領帶繩**（**rope tie**）。據說起源是為了代替領帶使用。

花瓶領扣
flower holder

會勾在外套領子的扣眼上，為了使用鮮花做裝飾，裡面可放水，讓花朵保存更久。

頸鍊
choker

緊貼著頸部纏繞佩戴的裝飾品，是一種較短的項鍊。從單純的帶狀頸鍊，到前方加上寶石的豪華頸鍊皆有，種類豐富。choker有「掐住頸部」的意思。

腰封
sash belt

指寬度較寬的裝飾用皮帶、腰帶，多半使用較柔軟的材質和具有光澤的材質。一般會打結，或是搭配比皮帶更窄的扣環固定，特徵是使用時會創造出皺褶，因此也能創造出立體感。

束腰腰封
waspie

能夠展現腰部曲線的寬腰封。一般是布製或皮革製，有的也會加上固定長襪用的吊襪帶。

腹帶
cummerbund

穿著在夜間準禮服的無尾禮服下，寬度寬的布腰帶，是腰封的其中一種。正式的腹帶是黑色的，不過也有紅色和橘色等不同顏色的腹帶。通常不穿背心，而是搭配領結，不加腰帶，而是使用吊帶。

耳扣
ear cuff

佩戴在耳朵中段的環狀裝飾，原本是金屬製的簡單飾品，現在也有形狀貼著耳朵線條、裝飾性高的飾品。又叫**耳殼環**（bague d'oreille）、**耳掛環**（ear band）、**耳骨夾**（ear clip）。

幸運手環
missanga

是纏繞在手腕上，顏色鮮豔的繩圈，據說戴到斷掉就能實現願望。有的也會加上刺繡和圓珠等裝飾。又叫**許願手環**（promise ring）、**許願帶**（promise band）。是刺繡線編織而成的編織繩的一種。

腳鍊
anklet

戴在腳踝上的環狀裝飾品。除了裝飾，也具有護身符的意義，防止邪惡的東西從腳部入侵。有各式各樣的左右不同佩帶意義，例如佩戴在左腳是護身符和代表已婚，佩戴在右腳是有希望的力量和代表未婚。

臂環
armlet

戴在上手臂的臂環和臂飾，沒有固定用的五金零件。戴在手腕上的稱為手環，戴在手肘以上則稱為臂環。有金屬製的圓圈、繩線和繞在手臂上植物藤蔓等設計。

袖帶
arm suspender

在帶狀的鬆緊帶兩端加上金屬扣，用來調整襯衫等的袖子長度。也稱為**臂帶**（arm garter）、**襯衫帶**（shirt garter）和**臂扣帶**（arm clip）。

吊襪帶
garter belt

主要是女性用，防止長度在大腿的絲襪下滑而使用的襪子固定帶。將皮帶纏繞在腰間，皮帶上兩隻腳前後共4條附有扣子的吊帶垂下，吊帶固定在絲襪上之後，再穿上內褲。

襪帶
garter ring

主要是女性用，防止長度在大腿的絲襪下滑，而固定在襪子上的環狀固定帶。本來2個為一組，因裝飾目的而只佩戴單側，或是直接佩戴的情形也很常見。

洛伊德眼鏡
lloyd glasses

鏡框較粗、鏡片為圓形的眼鏡。名稱來自於美國的喜劇演員哈羅德·洛伊德常使用，以及當時的鏡框原料是賽璐珞（celluloid），因此取作這個名稱。如果是墨鏡，這種圓形的形狀則稱為**圓型、圓款**。原本是技術還無法將鏡片切割出各種形狀的時代，直接將圓形鏡片做成眼鏡而產生。五官有稜有角且輪廓很深的人、臉小的人和有年紀的人有喜愛這種款式的傾向，有名的愛用者有約翰·藍儂。日文稱為**圓眼鏡**。

夾鼻眼鏡
pince nez

指的是沒有伸向耳朵的鏡腿，只夾住鼻子固定的眼鏡樣式。也稱為**芬奇（finch）型眼鏡**。日文稱為**鼻眼鏡**。

長柄眼鏡
lorgnette

沒有鏡腿而有長柄的眼鏡。公開場合戴眼鏡違反禮儀的時代，為了觀看戲劇或當作老花眼鏡使用。又叫**手持眼鏡**。

圓框眼鏡
round glasses

和洛伊德眼鏡相同，鏡片部分是圓形的眼鏡或墨鏡。除了復古感外，也給人柔和而出乎意料的魅力感，較小的圓框眼鏡也給人從事知性職業或屬於上流階級、藝術家的感覺。

威靈頓框眼鏡
wellington glasses

上邊比下邊稍長一點、邊角帶有圓潤感的四方形眼鏡或墨鏡，鏡腿從鏡框最上面延伸出去。日本在1950年代曾經流行過，因演員強尼·戴普的佩戴，又再次受到歡迎。

列星頓框眼鏡
lexington glasses

上邊比下邊稍長一點、整體是方正的四角形、鏡框（rim）上部較粗的眼鏡或墨鏡。

沙蒙框眼鏡
sirmont glasses

只有鏡片上部有鏡框，中間用金屬鏡橋連接的眼鏡或墨鏡。鏡面上部的鏡框看起來像是眉毛般，因此也叫做**眉毛眼鏡（brow glasses）、眉框眼鏡（brow frame）**等等。

波士頓框眼鏡
boston glasses

帶有圓潤感的倒三角形眼鏡或墨鏡。據說名稱由來是因為流行於美國東部的波士頓地區，但是尚未成為定論。鏡框帶有圓潤感，因此能給人溫柔大方的印象，這種鏡框也是經典的形狀，因此也容易給人知性的印象。因為是很有特色的形狀，所以會有極適合和極不適合的狀況。鏡框（rim）較粗的款式也有小臉效果。有名的愛用者有演員強尼‧戴普，其演技和飾演角色都很有個性。

貓眼框眼鏡
fox type glasses

鏡框形狀眼尾往上，讓人聯想到狐狸（fox）。瑪麗蓮‧夢露也曾經愛用。較小的鏡片能營造出知性的感覺，較大的鏡片則能突顯優雅而性感的感覺。

橢圓框眼鏡
oval glasses

橢圓形的眼鏡或墨鏡。給人柔和印象，較粗的鏡框很受女性的歡迎。金屬製、較細的鏡框加上較小的鏡片，容易給人知性的印象。

淚滴框墨鏡
teardrop sunglasses

鏡框形狀像是淚滴般的眼鏡或墨鏡。有名的品牌有雷朋（Ray Ban），美軍元帥麥克阿瑟曾經戴過。也稱為**茄子型墨鏡、高型（haut）墨鏡**。適合臉長的人。

巴黎框眼鏡
paris glasses

比淚滴框更方正，倒梯形的眼鏡或墨鏡。

蝴蝶型框眼鏡
butterfly glasses

外側較寬的眼鏡或是墨鏡，形狀像是蝴蝶展開翅膀的樣子而取作這個名稱。能廣泛覆蓋住眼睛，紫外線防護的效果很高，因很有度假的氛圍而很受歡迎。

八角形框眼鏡
octagon glasses

八角形的眼鏡或墨鏡。帶有一點復古而經典的氛圍，不論哪一種臉部輪廓都很適合。

方框眼鏡
square glasses

方正的長方形眼鏡或是墨鏡。

無邊框眼鏡
rimless glasses

沒有固定鏡片的鏡框，在鏡片上打洞，用螺絲固定鏡橋和鏡腿的眼鏡或墨鏡。固定用的洞數量為兩個，因此也叫做**兩點框眼鏡**。另外，也稱為**無框眼鏡、無邊眼鏡**（rimless）。

下框眼鏡
under rim glasses

沒有上部的鏡框，只用下部和側邊鏡框固定的眼鏡或墨鏡。老花眼鏡常看到這種款式。

半月形框眼鏡
half moon glasses

半月形的小眼鏡，老花眼鏡常看到的款式。上下皆有鏡框的款式因為形狀像是半月形，而稱為半月框眼鏡。原本是讀書用的眼鏡，別名是**半月眼鏡**。

連體鏡片眼鏡
single lens glasses

不是用鏡框連接兩片鏡片，而是用一片鏡片製作而成的眼鏡或墨鏡。形狀簡單但是時尚，運動風的款式和具有豪華感的設計也很多。

漂浮框眼鏡
floating glasses

兩側的鏡框向後方大幅彎曲，或是鏡框和鏡片沒有貼緊，而讓鏡片看起來像是浮在空中的眼鏡或墨鏡。

眼鏡夾片
clip-on sunglasses

夾在眼鏡上、可以拆卸的偏光眼鏡，多半可以往上掀。不當作墨鏡使用時，可以往上掀，提高透光率，也可以從眼鏡本體拆開。

摺疊眼鏡
folding glasses

為了方便攜帶而可以摺疊的眼鏡或墨鏡，可以摺成一片鏡片大小的款式也很多。摺疊式的望遠鏡也是同樣的名稱，也稱為**可摺疊眼鏡**。

襯衫胸前裝飾
shirt bosom

胸部（bosom）的部分加上皺褶等裝飾，或是上漿讓布料變硬等加工的襯衫設計，或是這種襯衫的總稱。有各式各樣的裝飾形狀。

拼接胸前裝飾
starched bosom

胸部的部分有 U 字形和方形的拼接，重疊同一片布的襯衫設計。因為會「上漿（starched）」讓襯衫變硬，而取作此名。使用於禮服用的正式襯衫上。另外，因為會上漿讓襯衫變「硬（stiff）」，因此也稱為**胸前硬裝飾（stiff bosom）**。

百褶胸前裝飾
pleated bosom

胸部的部分加上百褶的襯衫設計，多使用在搭配無尾禮服的襯衫上。日本稱為皺褶胸口。有各式各樣的**皺褶形狀**，正式襯衫使用寬約 1 cm 的褶。別稱為**打褶胸前裝飾（tuck bosom）**。

胸前裝飾
plastron

女性的襯衫、洋裝和罩衫上，用荷葉邊和蕾絲裝飾的護胸、胸前裝飾。原本是指使用於19世紀左右，覆蓋胸部的鎧甲護胸，現在多指時裝和服裝的胸前裝飾。擊劍運動使用的護胸和烏龜的腹部甲殼等也使用這個名稱。英文也稱為**bosom**。另外，**dicky** 也同樣指護胸、胸前裝飾。

三角胸飾
stomacher

在17～18世紀左右的女性，加在長袍胸前三角形部分的護胸。會加上華麗閃耀的蕾絲和緞帶等裝飾，有時也會加上寶石等。通常用別針固定，可以自由替換。

挖洞
cutout

在布料上挖洞，露出肌膚或內襯的手法，或指使用這種設計的單品。多半用在鞋子和上衣領口等，稱為**peek a boo** 的捲邊縫刺繡也是其中一種手法。

圍兜拼接
bib yoke

像是較大的口水圍兜的設計拼接。bib是口水圍兜和護胸的意思。

斗篷拼接
cape shoulder

指像是穿了斗篷一樣感覺的設計。主要指有斗篷狀設計拼接，加上落肩設計袖子的衣服，也指像是較小斗篷的斗篷領片(p.132)。

隱藏式門襟
hiyoku

雙層的前襟處理手法，能將鈕扣和拉鍊隱藏起來。在大衣和襯衫上很常見，能讓領口、胸口看起來更清爽。在和服是指衣襟製成雙層，穿起來像是穿了多層衣服的手法。

袖子標誌
sleeve logo

指在長袖上衣袖子加上標誌的設計，或是指使用這種設計的上衣。避免休閒感和街頭感太過於強烈，多半會搭配較甜美的衣服。

後腰調節環
cinch back

位於褲子背部皮帶和口袋之間的帶狀布條。當作工作服的牛仔褲和打褶長褲為了調整至合身的感覺，而用吊帶吊掛固定時使用。隨著輪廓和材質進化，現在做為裝飾的意義較為強烈，經典和復古的設計等會加上。也稱為**調整皮帶**(cinch belt)、**後腰帶**(back strap)。cinch是馬的腹帶的意思。

調整帶
adjustable tab

為了調整尺寸大小，或是為了裝飾，而設置在褲子的腰部和夾克下襬的布條。

鐵鎚吊環
hammer loop

設置在工作褲(p.59)和工作用褲子口袋縫線部分，是用來吊掛鐵鎚等工具的圓圈布條。

領腰
collar stand

反折的領子下，沿著頸部立起的部分。領腰寬度寬則會領子會變得較高、貼著頸部，沒有領腰則領子會貼著肩膀，稱為平領。

衣領吊環
hanging tape

加在外套等領子內側、靠頸部後側部分的吊掛繩，可用來吊掛在鉤子上。多半會編織上品牌名稱和製造商名稱等，稱為**品牌衣服標籤**，或簡稱**品牌領標**。

領撐
collar chip

裝在襯衫領子前端的裝飾品，多半是金屬製、可拆卸，使用在西部襯衫(p.44)等上面。也叫**領尖夾(collar top)**。

領駁口
gorge

在西裝外套的領子上可以看到，指上領片和下領片縫合部分出現的缺口。縫合的線叫領駁線（gorge line），gorge有喉嚨和食道的意思，來自領子立起時缺口的位置。

領口扣眼
lapel hole

開在外套領子的扣眼，過去有段時期會插上較小的花束，因此也叫**插花孔(flower hole)**，有的也會別上公司標誌等徽章。也有的只限於裝飾用，沒有切口，只有加上縫線。

領子扣帶
throat tab

加在領子前端的布片，有扣眼可以固定在喉嚨處。常常在諾福克外套(p.80)等鄉村風格的外套上可以看到。throat是喉嚨的意思。

肩章
epaulet

指肩章、肩飾，沿著大衣和外套的肩膀部分加上的帶狀附屬品。原本是軍服為了固定裝備而加上，據說是英國陸軍為了吊掛槍隻和望遠鏡而加上的，從18世紀中期開始出現。現在是制服和禮服等為了展示官職和階級而使用，在風衣外套(p.88)、狩獵外套(p.82)中都有。語源是肩膀的意思「epaule」加上小的意思「ette」組合而成。也寫作**肩章帶**。

側飾條
side stripe

設置於褲子兩側,採1或2條條狀的設計。據說起源是拿破崙軍的軍服。無尾禮服一般是一條。也稱為**側帶**(side strap),是在正式服裝可見到的特徵。

懷錶口袋
watch pocket

位於褲子右前方的小口袋,以前用來放懷錶而保留下來的設計。

蓋式口袋
flap pocket

原本是指防止雨流入而加上蓋子的口袋,現在做為樣式設計的意義較強烈。一般會使用同樣材質、不同塊的布料製作。在戶外可以蓋上袋蓋,在室內袋蓋可以收納進口袋內。

暖手筒口袋
muff pocket

主要用來溫暖雙手,讓手可從兩側放入到腹部的貫通口袋,也稱為**暖手口袋**(hand warmer pocket)。另外,設置於胸前的稱為袋鼠口袋(kangaroo pocket)。

袋鼠口袋
kangaroo pocket

設置在胸部及側腹部前方的貼式口袋總稱,因為讓人聯想到袋鼠的腹袋而取作這個名稱,主要使用在圍裙和吊帶褲(p.69)上。

零錢口袋
change pocket

加在外套右側的蓋式口袋上方,是用來放置零錢和車票等小東西的口袋,change是零錢的意思。又叫**票券口袋**(ticket pocket),在長度較長的英式西裝上很常見。

反折袖／反折褲腳
roll up

指將袖子袖口和褲子褲腳往上捲,或是看起來像是上捲的處理手法。

滾邊
piping

衣服和皮革製品的邊緣用細布和布條包起的處理手法,或是指用來包邊的布和布條。另外,也指拼接部分夾著折起來的布以裝飾的處理手法。有設計和補強的目的。

不收邊
frayed hem

丹寧褲等剪裁後不折起縫合的褲腳，能強調隨性感、狂野感以及休閒感。frayed是「弄成破爛狀態」的意思，hem是指衣服的邊緣部分。

拖曳裙襬
train

拖曳的裙襬，指洋裝和裙子下襬延伸得很長。現在在婚禮和加冕儀式等場合可以看到。12世紀左右，在宮廷裡身份越高，穿著的拖曳裙襬越長。

多層次
layered

指多層次的穿搭，也指適合用來多層次穿搭，或是看起來像是多層次穿搭的單品，或是指重疊穿上透明感很高的衣服。很多會利用衣服長度和材質的不同等，創造出變化和視覺效果。

緞面領
facing collar

無尾禮服和燕尾服等禮服領子的裝飾，加上黑色有光澤的布，材質本來是使用絲絹，現在也使用聚脂纖維等。英文為facing collar，又叫**絲緞領**（silk facing）。

槍托補丁
gun patch

為了補強抵住槍托的部分，在肩膀周圍加上的補丁。加在射擊外套的慣用手側，使用皮革等強韌的材質。有的為了實用性，會在左右兩側都加上。

高肩
high shoulder

肩膀位置看起來較高的輪廓，或是指製作成這樣的服裝。多半會加上較厚的墊肩及做得較膨的袖子。也稱為**內凹肩**（concave shoulder）。也指直角肩膀的體型。

翹肩
roped shoulder

肩膀前端高聳，像是加了繩子在裡面的肩膀輪廓，常可以在西裝外套（p.81）等服裝上看到。在肩膀前端內側接上袖子，再加上中芯等製作而成。

中央背褶
center box

設置在襯衫背面中央的箱褶。讓肩膀、胸部周圍有空間便於活動。有的也會加上細環圈，據說是鐵槌吊環的起源。也稱為**中央褶**（center pleats）。

開衩
vent／vents

為了方便活動或是裝飾用，在大衣和外套下襬加上的切口。像是插圖所繪製的一樣，開在中央的開衩稱為**中央開衩（center vent）**，開在側邊的開衩稱為**側開衩（side vants）**，沒有開衩的樣式稱為**無開衩（no vent）**。

腰部打褶
pinch back

為了讓輪廓更漂亮，而加上打褶並在腰部縮緊的外套，或是指縮緊的部分。特徵是具有運動風和休閒感。

活褶
tuck

指為了製作出立體的輪廓和貼合體型，抓取布料折起固定的部位。在褲子和連身洋裝的腰部設計上很常見。不是為了裝飾，縮縫進去的則稱為死褶（darts）。

死褶
darts

指衣服為了製作出立體的輪廓和貼合體型，加上版型剪裁和縮縫的技術，或是指加上這種手法的部位，根據地方不同，分別稱為**肩膀死褶（shoulder darts）**、**腰部死褶（waist darts）**。

流蘇裝飾
fringe

繩線束起、綑成一綑而製成的穗狀裝飾。或是指在布和皮革邊緣連續裁剪和製成連續帶狀的處理與裝飾。流蘇有「邊緣和其周邊」的意思，從古代近東時代就已經存在，據說當時以穗狀裝飾的多寡代表身分的高低。流蘇不只是布邊的處理手法和裝飾，也是將不想露出的部分隱藏起來的其中一種手法。以前在窗簾和圍巾上很常見，現在在泳裝、外套、靴子和包包等各種種類的單品上，都可以看到流蘇做為裝飾存在。

寬荷葉邊
flounce

主要是在衣服邊緣縫上較多的布料製作而成，是較鬆的皺褶裝飾。荷葉邊也是皺褶裝飾的其中一種，這是指比荷葉邊更寬的皺褶裝飾。

荷葉邊
frill

主要是在衣服邊緣做出皺褶的皺褶裝飾。在下襬、領子、袖口等部位很常見，有的也會使用蕾絲或其他柔軟帶狀布料製作。現在在蘿莉塔時尚等使用的特別多。

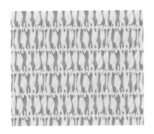

抽皺
shirring

做出較細皺褶，藉由皺褶立體的凹凸製造出陰影，讓表面有波狀變化的裁縫手法、技法，或是指使用了這種手法的布料和單品。將縫紉機車出的底線拉緊，或是將布捏起縮縫等方法製作。毛巾等表面有毛圈的布料剪去單面毛圈也使用這個名稱，特徵是觸感光滑。

水晶百褶
crystal pleat

在風琴褶中，褶子很窄且凹折部分很明顯的百褶。外觀讓人聯想到水晶而取作這個名稱，在雪紡材質的洋裝和裙子等很常見。

細繩飾扣
brandebourgs

加在軍服等前襟附近，橫向平行排列的裝飾性鈕扣扣帶。

花瓣花邊
scallop

指使用滾邊和鏤空手法，製作出像是成排扇貝貝殼一樣連續的半圓波浪型邊緣。有時也指這種下襬、刺繡和使用這種裝飾的單品。scallop是扇貝和其貝殼的意思。不只是裝飾，也很常兼具收邊等補強的功用。半圓的圓弧部分稱為花邊（swag）或是波浪（wave）。常做為罩衫和裙子的蕾絲滾邊，時裝以外，在窗簾和手帕等物品上也很常見。

牛角扣
toggle button

木製的魚鏢或水牛爪形狀的扣子，穿過繩子固定。在牛角扣外套上可以看到。toggle是固定用木條的意思。toggle button也指只需按壓就能交替切換ON／OFF的開關。

鉤環／扣環
clasp

金屬製的固定器具和皮帶扣環的總稱，用來代替鈕扣。

人造寶石
bijuo

一般是指珠寶飾品，在時裝中則是指加上人造寶石（模造寶石）的裝飾部分和加上裝飾這個手法。例如寶石涼鞋就是指加上人造水鑽等裝飾的涼鞋。

鉚釘
studs

本指金屬的大頭釘，在時裝中則是指裝飾性大頭釘，也指加上撞釘、企眼扣、四合扣等金屬裝飾大頭釘扣的服裝。最近上衣、褲子、裙子和外套都廣泛使用。

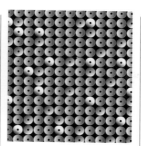

亮片
spangle

布料表面縫上眾多有小孔的塑膠片或金屬片，讓光反射的裝飾材料。因為是單個單個縫在布料上，每一角度都有微妙的變化，不同的反射程度看起來會很華麗閃耀。別名**paillette**。

愛德華時代
edwardian

雖然這個名稱是指愛德華七世統治的時代，但是也指這個時代所產生的文化。使用纖細的精細工藝製作的珠寶很有名，以白色為基調，活用了極度細膩的鏤空手法，多半工整而帶有貴族氣質。

百合花飾
fleur de lis

以鳶尾花（iris）為主題，使用在徽章等的設計。這是法國皇室象徵性的標誌，歐洲很多徽章和組織的標誌會使用。名稱fleur de lis在法語中是百合花的意思。使用百合花飾的徽章多半給人傳統、神祕的印象。三片劍狀的花瓣綁在一起的形狀，也做為三位一體的象徵，也象徵聖母。在法國百合花飾有象徵王室權力的意味，過去也曾經用來做為罪犯身上的烙印印記等，也有負面的面向。

睡蓮花飾
lotus

指睡蓮和其圖樣。睡蓮的花朵會在傍晚閉合，早上再度開花，因此古代埃及認為睡蓮是永恆生命的象徵，在祭祀時會當作祭品供奉，神殿的柱頭也會加上睡蓮花紋裝飾。

棕葉飾
palmette

扇形前端開闊，是以棕櫚、椰棗等為主題的花紋。後來和唐草紋做了融合，在古代希臘等地被廣泛使用。

※此處法語中的百合花指的不是一般的百合，而是指鳶尾科的花。

忍冬花飾
anthemion

古代希臘的傳統植物圖樣。多半是花瓣向外彎曲、前端尖銳的圖樣。據說原型是忍冬的花和葉以及睡蓮的花。以歐洲為主，常用在建築、家具等的裝飾上。

穗狀裝飾
tassel

指穗狀流蘇，多半會使用在傢飾邊緣和衣服的裝飾，原本是當作斗篷的固定器具。也做為窗簾、鞋子和包包等的裝飾，有名的有流蘇樂福鞋（p.106）。

冰鎬勾環
lash tab

加在後背包等上面，有平行二個洞的皮革製固定部分，用來固定登山用的冰鎬。很多不是為了實用性而是為了設計而加上的。將冰鎬掛在上面時，要將皮帶穿過洞口，並使用背包下方的冰鎬環固定。也稱為**冰斧勾環**（axe loop），俗稱為**豬鼻子**、**插座**。

襪子夾扣
socks clip

用來將複數襪子集中在一起的夾扣。展開的形狀像是指南針的指針，多半是鋁製。

鞋帶頭
aglet

裝在鞋帶前端的金屬或樹脂製筒狀覆蓋物。能防止鞋帶繩散開，也具有讓鞋帶容易穿過鞋帶孔的效果。主要是實用目的，也有裝飾性很高的鞋帶頭。

穿和肌膚同色系的鞋子

不只是靠厚底和鞋跟的高度，穿和肌膚或絲襪同色系的鞋子，也有讓腿看起來更長的效果。

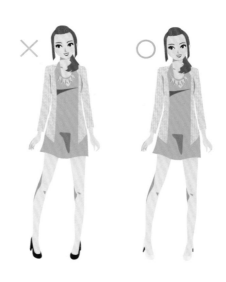

穿膝蓋周圍有刷色或有縱長刷色的丹寧褲

膝蓋周圍沒有空間的貼身褲和緊身褲有很好的長腿效果，這種類型的丹寧褲加上縱長的刷色加工，更能提升視覺效果，讓腿看起來更長。

上下半身相接的位置往上

將視線焦點往上拉，就能強調出縱向的線條，看起來就會更纖細。

還有，像是插圖所繪製的一樣，使用雙色（p.169）或是將上半身和下半身相接的位置，往上拉到比腰部更高的地方，就能給人腿長、身材細長的印象。雖然這種穿法會受到潮流影響而變得不時尚，但是下半身的服裝選擇高腰的類型，也能簡單地得到同樣的效果。

棉布格紋
gingham check

主要是縱橫皆使用同樣粗細的條紋製成的簡單經典格紋，底色為白色等淡色，加上格子色一種顏色所構成。gingham也是指一種平織棉織品的詞語，另外，過去也曾經將條紋圖案稱為gingham。原本多做為內裡，現在在罩衫、連身洋裝、圍裙和傢飾上也很常看到。格紋的特色是給人年輕感、明亮感和整齊乾淨感，因此也很常使用在制服上。

圍裙格紋
apron check

據說起源是16世紀英國理髮廳所使用的圍裙花紋。是單純平織格紋，和棉布格紋幾乎相同。

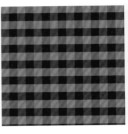

同色調格紋
tone-on-tone check

使用同色調（同系統的顏色）的配色，用明度差異做出變化的格紋。因為配色沉穩，很常被運用。

水牛格紋
buffalo check

指主要使用紅色、黑色等顏色，單純的大格子格紋。在羊毛製的厚襯衫或外套等服裝上很常見，也有使用藍色和黃色的格紋。

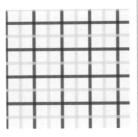

塔特薩爾格紋
tattersall check

兩色線條交互配置而成的格紋。名稱的由來是倫敦的馬市場「塔特薩爾（tattersalls）」使用這種格紋。

重疊格紋
over check

指細格紋和較大的格紋重疊而成。改變重疊格紋的色調就能創造出休閒感。也稱為**重疊格子花紋（over plaid）**，日文名稱為**越格子**。

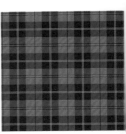

蘇格蘭格紋
tartan check

蘇格蘭高地地區的氏族（clan）等分別制定的格紋，縱橫的條紋均一、使用多種顏色。配色大多使用紅色、黑色、綠色、黃色，根據地位不同，可以使用的顏色數量也有限制。

品牌經典格紋
house check

和蘇格蘭高地地區傳統的蘇格蘭格紋不同,是品牌獨自開發做為英國傳統風格的格紋,有很多種類。著名品牌有THE SCOTCH HOUSE、BURBERRY、Aquascutum等等。另外也稱為**品牌經典蘇格蘭紋**(**house tartan check**)。

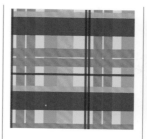

馬德拉斯格紋
madrass check

使用黃色、橘色、綠色等鮮豔色彩的格紋。原本是使用草木染的線織成的錦織物,特徵是色調融合會在一起。現在很多顏色和格紋樣式都富有變化。

菱形格紋
argyle plaid

以複數的菱形和傾斜的格線構成的格紋,或是編織品。在日本也稱為**算盤花紋**。是經典的格紋,不受潮流影響,因此也常使用在制服上。

漸層格紋
ombre check

不斷重複顏色濃淡漸漸變化、和其他的顏色融合的格紋。ombre是法文,意思是「有濃淡和陰影的東西」。

斜線格紋
diagonal check

由45度斜線交錯而成的格紋。diagonal是斜線或對角線。

斜格紋
bias check

將格紋傾斜,因格線粗細、傾斜角度等,會產生無數變化。

小丑格紋
harlequin check

常使用小丑服裝上的菱形圖案。

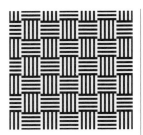

藤籃格紋
basket check

條紋互相交叉，組成像是藤籃一樣的格紋。日文稱為**網代格子花紋**、**藤籃格子花紋**。

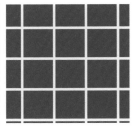

窗櫺格紋
windowpane

像是窗戶的格子一樣，以單色縱橫細格線組成四角形的格紋。英國傳統花紋的其中一種，給人傳統的印象，能強調出清爽而高貴的感覺。

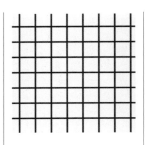

方格格紋
graph check

以像是方格紙一樣構成的格紋。基本上是由兩種顏色構成，因此容易搭配其他單品。又叫**線條格紋（line check）**。較大的格子能給人高級而時尚的感覺，中型格子則容易表現出復古、經典的感覺。

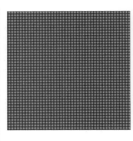

針孔格紋
pin check

非常細的格紋，或是指用兩種顏色的線織成細格紋的布料，很多會使用每兩條就交錯互換顏色的線縱橫編織。又叫**細格紋（tiny check）**。

牧羊人格紋
shepherd check

使用兩種顏色構成的格紋，特徵是在棋盤格紋（p.151）中，沒有交叉的部分會加上底色顏色的斜紋。日本稱為**小弁慶花紋**。使用多種顏色組合就會變成槍枝俱樂部格紋。

千鳥格紋
hound's-tooth check

底色和圖案形狀相同的格紋，由模擬獵犬（hound）牙齒（tooth）形狀的連續圖案構成。起源於英國的經典格紋，在日本因為看起來格紋像是千隻鳥一起飛翔，而取作千鳥格紋。原本是用同樣數量的經線和緯線織成的斜紋織條紋，除了黑和白的灰階配色很常見，白色和其他顏色組合的變化也越來越多。較小一些的格紋給人傳統的印象，格紋越大則越有時尚的感覺，也稱為**犬牙格紋（dog tooth）**。

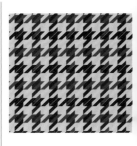

槍枝俱樂部格紋
gun club check

使用兩種顏色以上的格紋。名稱的由來是英國的狩獵俱樂部曾經穿著這種格紋，主要使用在傳統的外套和褲子上。日文稱為**二重弁慶格子花紋**。

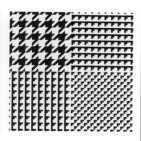

葛倫格紋
glen check

是千鳥格紋（p.150）和
髮絲直條紋（p.157）等
細格紋組合而成，葛倫
格紋是**葛倫厄克特格紋**
（glenurquhart check）
的簡稱。加上藍色的重
疊格紋則稱為**威爾斯王**
子格紋（The Prince of
Wales check）。

棋盤格紋
block check

白色和黑色或是濃淡的
兩色交互配置構成的編
織花紋。日本有時也稱
為**市松花紋**。

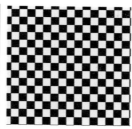

市松花紋
checkboard pattern

兩種顏色的正方形交互
配置而成的花紋，代表
性配色是白色和黑色、
白色和深藍色。江戶時
代以前的日本也稱為**石**
疊花紋。在古墳中填輪
的服裝和正倉院的染織
品等可以看到。又叫**棋**
盤花格（checker）。

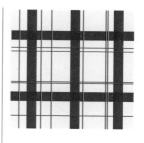

翁格子花紋
okinagoshi

粗線格子中加入細線格
子組成的格紋。名稱由
來的學說中，以粗的線
（翁）中有細的線（孫），
代表有很多孫的說法較
為有力，有子孫繁榮的
意思，是帶有吉祥意義
的花紋。

濾味噌格子花紋
misokoshigoushi

粗線格子中，加入線和
線的間隔幾乎相等的細
線格子。因為和用來味
噌過濾、融化加入熱湯
時的調理器具相似，因
此取這個名稱。也可
以說是翁格子花紋的其
中一種。也稱為**濾味噌**
條紋。

業平格子花紋
narihirakoushi

細花紋的其中一種，指
在菱形的格子中加入十
字的格紋。名稱的由來
是在原業平喜歡這種花
紋。細花紋是指布料整
體規則地配置了細小的
圖案，由細小圖案構成
的花紋總稱。

松皮菱花紋
matsukawabishi

細花紋的其中一種，大
菱形的上下加上小菱形
組合而成的圖案。名稱
的由來是類似松樹剝了
皮的形狀，也稱為**中太**
菱花紋。常用來當作過
花染織、織布燒陶器的
花紋和漆器工藝的打底
花紋。

菊菱花紋
kikubishi

加上了菊花圖案的細花
紋。加賀前田家專用的
花紋，江戶時代的時候
禁止他藩使用，特徵給
人是凜然高貴的感覺，
讓人聯想到皇室的菊花
花紋。

武田菱花紋
takedabishi

細花紋的其中一種，由四個小菱形組合成菱形的花紋。分割菱形的花紋稱為「割菱」，其中武田菱的特徵是菱形之間的空隙較窄。這是甲斐武田家專用的花紋，禁止他藩使用。

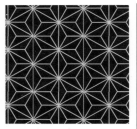

麻葉花紋
asanoha

正六角形內六個菱形的頂點連接成一點而構成的幾何學圖案。名稱的由來是形狀讓人聯想到麻的葉子。麻成長快速而且強韌，因此也被當作是帶有吉祥意義的花紋，有用來當作剛初生嬰兒衣服圖案的習俗。

鱗花紋
urokomoyou

以鱗片為概念，將等腰三角形規則地上下左右連續排列組成的圖案。形狀和大小相同的圖案規則排列而成的圖案稱為「替換花紋」，鱗花紋是替換花紋的其中一種。鱗花紋存在已久，在古墳的壁畫和土器都有描繪。

矢絣花紋
yagasuri

箭矢羽毛重複排列的圖案，日本自古以來就會使用，在和服等服裝上很常見。因為射出的箭不會再回來，所以結婚時新娘也會帶著這種花紋的衣物，是帶有吉祥意義的花紋。又叫**箭矢條紋**（arrow stripe）。

七寶花紋
shibbou

圓形連續重疊四分之一的圖案，看起來像是重複的圓形和星形。也稱為**七寶繫花紋**，很多還會在圖案之間加上其他圖案，變化豐富。

龜甲花紋
kikkou

源自於烏龜甲殼，連續的六角形圖案。烏龜也是長壽的象徵，因此龜甲也是帶有吉祥意義的吉利花紋，也稱為**蜂巢花紋**。

組龜甲花紋
kumikikkou

將編織孔洞組合成像是六角形龜甲的圖案。龜甲是長壽的象徵。

毘沙門龜甲花紋
bishamonkikkou

使用在毘沙門天的鎧甲等處，因此取作這個名稱。將正六角形每邊的中點重疊連續排列，將內側的線交互消除，讓內側看起來像是三叉的形狀。

青海波花紋
seigaiha

重疊的半圓形交錯且連續不斷，像是波浪一樣的圖案。名字的由來是同名的雅樂演目服裝使用這種花紋。起源自古代波斯，波斯薩珊王朝時期傳播到中國，再傳播到日本。

紗綾形花紋
sayagata

將延長的卍字分解、連接而成的圖案。在日本是使用在女性喜慶禮服上的代表性圖案，具有長久不斷的意思。

檜垣花紋
higaki

將檜木薄板像是網子一樣斜編織的古典圖案，廣泛用在腰帶花紋上。

立湧花紋
tatewaku

由具規則的縱向波浪線排列成圓弧相對的連續圖案，膨大的部分很多也會加入雲、花、波浪等。從平安時代就存在的有職文樣（使用在公家的裝束和家具等上面的圖案）。

觀世水花紋
kanszimizu

漩渦狀的水波圖案，代表總是在變化的無限形狀。能樂的觀世家以這個花紋當作家紋，而取作這個名稱。在扇子和書本封面等很常見。

巴花紋
tomoe

將像勾玉的圖案放到圓形中而形成的圖案。在太鼓、瓦片和家紋等上面很常見。

吉原繋花紋
yoshiwaratsunagi

正方形的四個角缺角內凹，傾斜排列成鎖鍊狀而形成的花紋，據說具有「一旦進去吉原的遊郭就很難逃脱出去而連在一起」的意思。在短外衣、門簾上很常見。

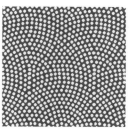

鮫小紋花紋
samekomon

常使用在和服的一種細花紋，小點排列成像是連續重疊的圓弧而形成的花紋。從遠處看，看起來像是素色，如果使用具有光澤的布料，看起來會有閃閃發光、柔美搖曳的獨特之美，很受歡迎。

井桁花紋
igeta

井桁是組裝在水井邊緣的木製框格的名稱,使用將其象形化的「井」字圖案的花紋。在深色底白花紋的布料上很常見。菱形圖案的花紋也同樣稱為井桁花紋。

御召十花紋
omeshijjyou

細花紋的其中一種,也是德川家的專用花紋。圓和十字交互配置而成的花紋。

籠目花紋
kagome

六角形重複排列成格子狀的圖案,看起來像是竹編的籃子。因為是連續的六芒星圖案,據説也有除魔的效果。

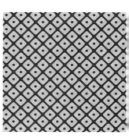

鹿之子花紋
kanoko

和鹿背部的斑點相似的絞染圖案,或是指相似圖案的編織方法和針織布料。特徵是表面有凹凸、透氣性良好、膚觸輕盈。

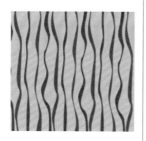

搖晃條紋
yorokejima

是彎曲的曲線形成的條紋圖案。不只是印刷製成,有的也會用彎曲的編織線做出變化。

絞染
tie-dyed

指將布的一部分用線細綁、用板子夾緊,讓染料的滲透程度有不同的變化,製作出圖案、花紋的手法。不使用蠟和漿就染出圖案的代表性技法,能表現出樸素的感覺。

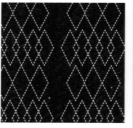

刺子花紋
sashiko

用線在布上刺繡描繪出幾何學圖案等的技法,也指刺繡描繪出圖案的布料。藍色布料加上白色線刺繡的搭配最受歡迎,不過布料、線都有各種色調的組合變化。原本的目的是為了補強布料和保溫。

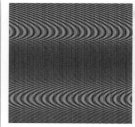

莫烈波紋
moiré

當規律重複的線等圖案重疊時會產生週期性錯移,指以這種錯移形成的條紋圖案,也稱為**干涉條紋**,看起來像是樹木年輪的時候,有時也當作是**年輪圖案**。

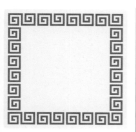

雷文花紋
raimon

由直線形成的花紋，重複像是漩渦狀的幾何學圖案而形成，在拉麵碗等物品上很常見。在中國人們認為雷是自然界的驚異象徵，這個花紋以雷為概念，因此具有除魔的效果。

針孔圓點花紋
pin dot

像是針的頭一樣細小的圓點花紋，指相對於底色面積最小的點。較大的圓點稱為波爾卡圓點（polka dot）。常使用在襯衫和罩衫上，從遠處看起來像是素色，具有高級和高貴的感覺。

鳥眼圓點花紋
birds eye

白色的小圓形以狹窄的間隔規則配置形成的圓點花紋，也指這種花紋的布料。男士服裝用的布料常使用這種花紋，能創造出沉穩的氛圍。名稱來自於圓點像是鳥的眼睛。

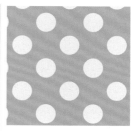

硬幣圓點花紋
coin dot

硬幣大小的圓點花紋，圓點較大，較小的圓點稱為波卡圓點。

圓圈點花紋
ring dot

使用圓圈狀的圓點配置而成的花紋。

波卡圓點花紋
polka dot

中等大小的圓點等間隔配置而成的花紋。多半指介於較小的針孔圓點紋和較大的硬幣圓點紋之間的圓點花紋。

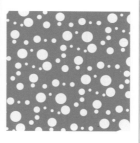

水花圓點花紋
shower dot

點（圓）的大小和位置不規則配置，讓人聯想到水滴的花紋。和泡沫圓點花紋幾乎相同，都用來指隨機配置的圓點，但是水花圓點花紋具有圓點較小的傾向。

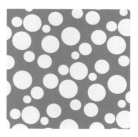

泡沫圓點花紋
bubble dot

點的大小和位置不規則配置，讓人聯想到泡沫的花紋，圓點採隨機配置。和水花圓點花紋幾乎是相同的意思，但是因為讓人聯想到泡沫，所以多半是指比較大的圓點。

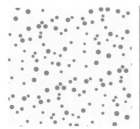

隨機圓點花紋
random dot

點的大小和位置不規則配置的花紋。雖然水花圓點花紋（p.155）和泡沫圓點花紋（p.155）也是隨機配置的圓點，但是隨機圓點花紋多半是較小的圓點構成。

星星印花
star print

佈滿星形圖案的印花花紋，或是指以星星為主題設計的花紋。大小、位置、顏色很多也會隨機配置。是重複流行的花紋，做為開運的花紋也很受喜愛。

十字印花
cross print

十字、加號的設計圖案等間隔配置的花紋和布料，黑白灰階配色的十字印花很常見。因為瑞士國旗也有十字，所以也稱為**瑞士十字印花**，在日本花紋中則稱為**十字絣**，細的十字圖案稱為**蚊絣花紋**。

骷顱頭花紋
skull

以頭蓋骨為概念的花紋和設計，skull是頭蓋骨的意思。也稱為**顱骨花紋**、**骸骨花紋**等，做為暗示死亡和危險的常用圖案，運用在各種物件和刺青上。

針頭直條紋
pinhead stripe

最細的直條紋，條紋是用點描繪而成的線。用點描繪而成的條紋有時也寫作針狀直條紋（pin stripe）。

針狀直條紋
pin stripe

最細的直條紋，或指用點描繪而成的條紋。

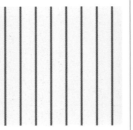

鉛筆直條紋
pencil stripe

細線以較大間隔配置的清楚條紋，也是西裝等服裝的常見花紋。條紋的寬度沒有嚴密的基準規定，一般會比針狀直條紋粗、比粉筆直條紋細一些。

粉筆直條紋
chalk stripe

在明度和彩度較低的黑色、深藍色和灰色等暗色底色上，加上較細白色斑駁直條紋的花紋。名稱的由來是看起來像是用粉筆在黑板上描繪出線條。

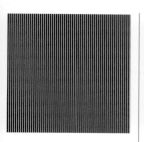

髮絲直條紋
hairline stripe

細線以狹窄間隔配置的條紋，用濃淡有別的線交錯縱橫編織而成，從遠處看，看起來像是單色。具代表性的條紋之一，給人傳統而纖細的印象。

雙線直條紋
double stripe

較細的兩條線為一組，以同樣的間隔重複配置而成的直條紋。看起來像鐵軌般，又稱為**軌道直條紋**（track stripe）、**鐵道直條紋**（rail road tripe），但這麼稱呼的時候，通常兩條線間的間隔較寬。

三線直條紋
triple stripe

每三條線為一組排列而成的直條紋。在日本花紋中也稱為**三筋立**。

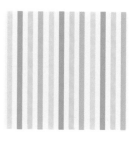

糖果色直條紋
candy stripe

使用像是糖果包裝紙般的配色，在白色底加上橘色、黃色、藍色、綠色等鮮豔顏色的多彩條紋。有時也指拐杖形狀糖果配色的紅白條紋。

倫敦直條紋
london stripe

基本底色是白色，底色和條紋比例相同的經典條紋。多使用約5mm的藍色和紅色條紋。在牧師襯衫（p.44）等服裝上很常見，除了給人高貴和乾淨整齊的感覺，也很有時尚感。

孟加拉直條紋
bengal stripe

發源於印度東北部的孟加拉地區，彩度較高、色彩鮮艷的直條紋。日本的**弁花紋**、**紅殼條紋**來自孟加拉直條紋的名稱，指使用紅色染料的條紋織物。

粗細直條紋
thick and thin stripe

同色的粗線和細線交錯配置的條紋。

交錯直條紋
alternated stripe

兩種不同的條紋交錯配置的直條紋，有的條紋顏色和粗細都不同。

同線直條紋
self stripe

使用同種類的線，但改變織法而織成的條紋。使用在西裝等服裝上，不會過於顯眼、較為低調，可以表現出高貴感覺。別名為**編織直條紋**（woven stripe）。

陰影直條紋
shadow stripe

不改變線的種類，只改變撚線方向編織成的條紋。光的照射角度變化時，隱藏的直條紋會浮現，同時具有自然和華麗的感覺，也具有光澤感，給人優雅的印象。

丹寧直條紋
hickory stripe

丹寧布料花紋的其中一種。代表性的配色是工作服常使用的深藍底色加上白色線。起源是鐵道工作者穿著這種花紋的服裝，因為即使弄髒也不顯眼，也使用在長時間穿著的工作服、吊帶褲（p.69）、畫家褲（p.59）上面。現在也廣泛使用在上衣和包包等單品上。丹寧布是自古以來就存在的布料，因此這種花紋可以強調出復古感和隨性感，也是美式休閒風格穿著常見的要素。

瀑布直條紋
cascade stripe

漸漸變細的條紋照順序排列構成的條紋。在日本花紋中稱為**滝縞**。

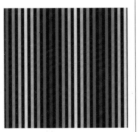

漸層直條紋
ombre stripe

條紋慢慢變得模糊、斑駁，重複這種變化而形成的漸層條紋。條紋粗細像瀑布直條紋一樣漸漸變化的條紋，有的也稱為漸層直條紋。

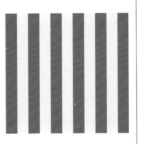

遮棚直條紋
awning stripe

用在陽傘和棚子等處，單純的等間隔直條紋，awning是遮陽、遮雨的意思。多半使用白色等明亮的顏色加上另外一個單色，也稱為**粗直條紋**（block stripe）。

帆船賽直條紋
regatta stripe

指較粗的直條紋，由來是英國的大學舉辦的帆船對抗賽常穿這種條紋的休閒西裝外套。在傳統的印象中，又帶有運動風的感覺。

俱樂部直條紋
club stripe

指用來做為俱樂部和團體象徵的直條紋，使用印象強烈的二、三種顏色，是單純的特定配色條紋。常使用在領帶、休閒西裝外套和小東西上面。

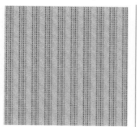

多線直條紋
cluster stripe

複數的線靠近成一束，視覺上變成一條條紋而形成的直條圖案。

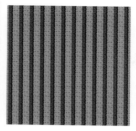

浮雕直條紋
raised stripe

運用編織手法，讓條紋看起來像是浮在底色上的條紋。

緞帶直條紋
ribbon stripe

像是會使用在緞帶上的條紋，使用明度差異很大的兩種顏色組合而成的單純條紋。也指以緞帶組成的條紋，有的會像是刺繡一樣將細緞帶加入編織，讓布料看起來像是條紋。

斜線條紋
diagonal stripe

斜線構成的條紋總稱。單稱作**diagonal**多半是指45度傾斜的條紋。不只是指稱花紋，有時也代表以斜線編織的針織衫等。

軍團條紋
regimental stripe

模仿英國的軍團旗花紋的斜線條紋。主要是深藍色底色加上深紅色和綠色的配色。常使用在領帶上，據說往右上傾斜是原本的英國式、往右下傾斜是美國式。

瑞普條紋
repp stripe

美國服裝品牌布克兄弟（Brooks Brothers）將軍團條紋反轉，往右下傾斜的條紋。使用這種條紋的領帶也稱為瑞普領帶（repp tie），是美國傳統的代表性單品。

人字條紋
herringbone

交錯加入斜線圖案製作成直條紋的花紋，像是在寫「人」字般，等於日本編織花紋的**杉綾**、**綾杉花紋**，也是日本花紋的**矢筈**、杉柄花紋。在鞋底刻痕中很常見。

橫條紋
horizontal stripe

橫向條狀的花紋。本來border是邊緣和周邊的意思，指加上帶狀和線狀滾邊的袖口、下襬。複數的滾邊不斷重複而形成的條紋，現在多稱為橫條紋（border）。相當於日本花紋中的**多段條紋**。

多重橫條紋
multi border

複數顏色或是不同粗細的條紋混在一起的橫向條紋。multi是多重的意思，border是橫條紋的意思，multi border是日本發明的英文名。

寬幅人字條紋
chevron stripe

指山岳形狀不斷重複的鋸齒條紋。chevron是法文，意思是「軍服袖章等的山岳形狀」。

波西米亞花紋
bohemian

遊牧民族的民族服裝風格，多數是讓人聯想到吉普賽人的民族風、異國風的花紋，以及讓人聯想到自由流浪民族的風格。在佛朗明哥的服裝中也可以看到。

部落花紋
tribal print

指每個部落和種族不同，設計獨特的民族花紋，在薩摩亞和非洲各部落可以看到的布料花紋。其中最具有代表性的稱為薩摩亞部落花紋，以赤道附近的薩摩亞群島為中心，太平洋群島的部落所使用的花紋，多半使用抽象、幾何學的設計和以動植物為主題，是不斷重複的黑白簡單花紋，不過花紋也有地區性的變化，也有使用非常鮮豔顏色的變化。花紋也具有宗教性的意味，因此不只是使用在服飾上，也使用在刺青和物品的裝飾上。

馬拉卡治花紋
marrakech

起源於馬拉卡治的花紋圖案，馬拉卡治是位於摩洛哥中央的都市。圓形和花朵形狀抽象化後再不斷重複排列而成的花紋，使用在磁磚等物品上。

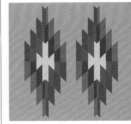

奇馬約花紋
chimayo

具有對稱性，像是由很多菱形組合而成的花紋圖案，也是美國原住民的傳統花紋。這種花紋的紡織品也是奇馬約村的工藝品，奇馬約位於聖塔菲東北部的新墨西哥州內。

魚子醬皮
caviar skin

指用在包包和錢包等的小牛皮壓印，壓出像是魚子醬的顆粒狀圖案。優點是刮痕等會變得不明顯。

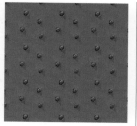

鴕鳥皮
ostrich

鴕鳥皮革，或指使用鴕鳥皮製成的包包、錢包和皮帶等商品本身。外觀的特徵是有拔除羽毛後留下的毛孔（羽毛軸痕）。除了厚度厚，也有耐久性且柔軟。是高級的皮革，但不耐水。

蜥蜴皮
lizard

蜥蜴皮革，或指模仿蜥蜴皮的皮革。名稱本身指蜥蜴。特徵是大小相同的鱗片狀圖案，蜥蜴皮是強韌的高級皮革，使用在包包、皮帶和錢包等上面。

動物紋印花
animal print

模擬動物表皮的花紋圖案，多半以哺乳類的毛皮和爬蟲類的表皮圖案為主題，較有名的有豹紋（leopard）、斑馬紋（zebra）、蛇紋（snake）及鱷魚（crocodile）等。

滴畫花紋
dripping

指顏料從上方滴落、飛濺的畫法和花紋，使用這種畫法的美國畫家傑克遜・波洛克很有名。時裝中也可以看到像是在布料上潑灑油漆的設計圖案。

宇宙印花
cosmic print

以星空等宇宙為主題的花紋總稱，也稱為**宇宙花紋**。

花押字
monogram

將2個以上的文字組合在一起，製作成原創的圖案。使用名字和名稱的第一個字做為商標和作品時使用，路易威登（LOUIS VUITTON）的「L」和「V」以及香奈兒（CHANEL）重疊的「C」的圖案最有名。

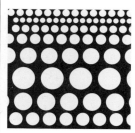

視覺效果花紋
optical pattern

使用幾何學圖案等，製作出有視覺效果和錯覺效果圖案。特徵是看起來像是刻意漸漸改變大小而變扭曲。optical是視覺的意思。

大理石花紋
marble pattern

指模仿大理石的紋路，將複數顏色重疊混合成像是流動形狀的印花圖案。讓顏料和墨水浮在比重較重的液體上，用液體上浮現的圖案做染色的手法，稱為浮水染（marbling）。

錦緞花紋
damask

模仿伊斯蘭的錦緞織品圖案製作出的花紋。使用植物、水果、花朵等圖案，像是連接在一起一樣不斷重複的設計。用的顏色較少，約2～3色。在歐洲是經典的傢飾圖案。

唐草花紋
follage scroll

表現出藤蔓植物的藤蔓互相纏繞模樣的植物花紋，據說起源是古代希臘草。延伸至任何地方的藤蔓代表生命力，在日本有繁榮和長壽的意義，因此被當作帶有吉祥意義的花紋。

植物印花
botanical print

以植物為主題的印花花紋總稱。指相對於花朵圖案，以樹木葉子、莖和果實為主題，花紋和配色較為沉穩的圖案。比花朵圖案更有自然成熟和高貴的感覺。

變形蟲花紋
paisley

以松樹毬果、菩提樹葉、柏樹、芒果、石榴、椰子樹葉、生命樹等為主題，起源自波斯和印度喀什米爾地區的圖案，細緻且顏色豐富，也指用了這種圖案的紡織品。據說圖案本身以生命力為主題，使用了整年都不枯黃的柏樹等圖案。除了當作時裝、地毯和頭巾等小東西的鮮豔裝飾花紋，最近也使用在美甲的設計上。原本是需要高度技術的紡織花紋，現在則是做為印花圖案普及。

阿拉伯式花紋
arabesque

在清真寺的壁面裝飾可以看到的美術樣式，或是以其為主題的圖案。以唐草花紋為代表，由重複藤蔓等互相纏繞的圖案和左右對稱的圖案所構成，也會加上星形和幾何學圖案等組合。

裝飾花紋
ornament pattern

名稱是裝飾的意思。多以老鼠簕(和薊類似)、蓮花(睡蓮)、石貝裝飾(貝殼)為主題，常在傢飾、邊框和獎狀等的裝飾上看到。

洛可可風格花紋
rococo

指路易15世全盛時期的1730～70年代，以巴洛克風格為基礎的裝飾樣式，特徵是優美而纖細。在印花花紋中，多半指以玫瑰花為主題，有點複雜的花朵圖案。

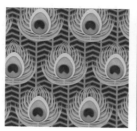

孔雀花紋
peacock pattern

以孔雀（peacock）羽毛為主題的花紋。有孔雀展開羽毛時可以看到的像是眼睛的圓形圖案，以及不斷重複的鳥類羽毛圖案，後者很常使用在美甲等上面。

戈貝林
gobelin

花朵和變形蟲花紋風格的傳統花紋、紡織品，源自於戈貝林織法的掛毯。戈貝林也是綴織織法的一般名稱，現在多半指類似的花紋。原指以人物、風景等為題材的壁掛裝飾紡織品。

費爾島花紋
fair isle

持續超過400年以上的針織古典花紋。特徵是使用多色，像是凱爾特文化和北歐文化混雜，以及分成多層的幾何學圖案，也很常使用巴斯克的百合、摩爾的箭矢等圖案。可以在毛衣、襪子等衣物上看到。

北歐花紋
nordic pattern

北歐傳統的花紋，使用以雪的結晶、馴鹿、冷杉、心形等為主題的圖案和幾何學圖形，不斷重複點描等手法製成。用在北歐風格針織衫、北歐風格毛衣、北歐風格手套等衣物上。

斯堪地那維亞花紋
scandinavian pattern

雖然斯堪地那維亞是指丹麥、瑞典、挪威這三個國家，但斯堪地那維亞花紋是指在整個北歐可以看到的花紋總稱。多半以白色為基調，雪的結晶、木材和花朵圖案裝飾。

伊卡花紋
ikat

印尼和馬來西亞的傳統絣織。使用以自然草木染料染色的線，織出幾何學圖案和抽象的動植物。印尼的染織品中蠟染布（爪哇印花棉布）很有名。

迷彩花紋
comouflage pattern

軍隊為了讓敵人難以識別而加上的圖案，最初使用在車輛、軍服和戰鬥服上，現在也成為時裝設計的花紋。

路斯克斯特花紋
lusekofte

在北歐風格毛衣等服裝上可以看到的北歐（主要是挪威）傳統點描花紋。北歐花紋（p.163）的其中一種，指點點四散分佈的樣子，原本是黑白配色，現在有各式各樣的配色。

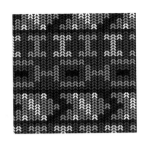

緹花
jacquard

不是指特定的圖案和花紋，而是指使用裝設雅卡爾緹花裝置（雅卡爾緹花織布機）製作的所有編織圖案和紡織花紋。雅卡爾緹花織布機是自動織布機，使用穿孔卡片（紋紙、雅卡爾緹花卡片）設定好圖案，控制線的上下，而能重複織出複雜的圖紋。日本從西陣等地開始普及，也稱為**雅卡爾緹花。**

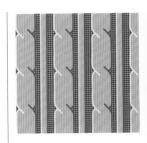

麻花編織
cable stitch

編織成繩索模樣的針織方法，或指使用這種編織方法的針織衫花紋、服裝和單品本身。日本的名稱是**繩編**。織成立體的花紋能增加厚度，有提高防寒性的效果。

阿倫花紋
aran pattern

一種用針織衫編織手法織成的花紋。源於愛爾蘭阿倫群島漁夫穿著的毛衣，特徵是模仿捕魚用的繩子和救生索的編織手法（麻花編織）。

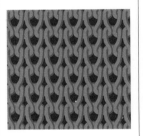

下針／低針織法
knit

棒針編織中橫織基本織法的其中一種，圓圈從外側往內側拉出編織。而下針和上針交錯編織就是一行下針一行上針織法。

上針／高針織法
purl

棒針編織中橫織基本織法的其中一種，圓圈從內側往外側拉出編織。在時尚相關的領域，也指表現編髮的手法。

一行下針一行上針織法
stocking stitch

棒針編織中橫編的一種基本織法，一行下針和一行上針交錯編織。富有伸縮性，也稱為**天竺織法**。若圍巾等衣物全都使用這種編織方法會捲縮起來，因此邊緣必須使用其他編織方法。

羅紋編織
rib stitch

下針和上針交錯編織的編織方法。富有橫向的伸縮性，也稱為**法式編織**、**鬆緊帶編織**、**條紋編織**。不容易捲縮，也耐縫製和裁斷，在針織衫的袖口、貼身的服裝及貼身的毛衣等服裝上很常見。

多臂織
dobby

使用多臂織布機紡織，用織線織出圖案的紡織品、布料。很多會在平織中加上別的線編織，或是使用別的組織織出圖案和條紋。

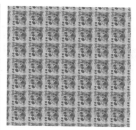

蜂巢織
honeycomb weave

讓經線和緯線浮出，織出格子狀內凹圖的紡織品，具有厚重的感覺和伸縮性。膚觸獨特、吸水性良好、不容易黏在一起，因此常使用在床單、毛巾和床罩等室內裝飾用紡織品上。

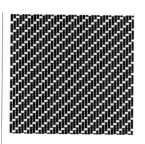

斜紋織
twill

以丹寧布為代表，經線和緯線並不交錯編織，而是經線橫跨複數緯線後，不斷重複錯移的織法，因此線的交錯會織出斜線。另外，經線和緯線交錯編織的織法稱為平織。

丹寧布
denim

經線使用染成深藍色的染色線（色線），緯線使用未染色加工的線（白線），使用斜紋織法織成的厚布。或是指使用這種布料的製品。單獨使用丹寧這個名稱則主要指牛仔褲。

燈芯絨布
corduroy

起絨織物的一種，布料表面縱向有短毛絨條的紡織品，也指使用這種布料的服裝。具其厚度、保溫性也很高，因此在冬季的服裝上很常見。也稱為**燈草絨**。

香布雷布
chambray

經線使用染過色的染色線，緯線使用未染色加工的線，並用平織織法織成的棉布，或是指使用這種布料的製品。丹寧布使用斜紋織織法，香布雷布則是使用平織織法。

粗藍布
dungaree

經線使用未染色加工的線，緯線使用染過色的染色線，並用斜紋織織法織成的布料，或是指使用這種布料的製品。經緯線的使用方法和丹寧布相反。

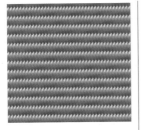

羅緞布
grosgrain

經線使用細線、緯線使用粗線，織成的硬而密平織紡織品。表面有橫條，經線密度是橫線的3～5倍。名稱在法文中是「gros=粗大」、「grain=穀物」之意。也使用在緞帶上。

緞面布
satin

經線和緯線的交叉位置不連續，而是隔一定的間隔織成，經線和緯線浮出的部分會變多的布料，或是指使用這種布料的製品。具有光澤、膚觸柔軟而滑順。

襯棉車線布
quilting

在表層和裏層二層布之間，加入棉花、羽毛、其他布料、碎毛線等，以刺繡手法繡出圖案，並縫合固定的布料。防寒用的服裝和寢具等常用使用。

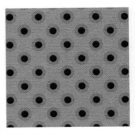

鏤空布
pointail

打了週期性或圖案性裝飾用小洞（eyelet）的布料，具有透膚效果，很多會加上裝飾性編織。

網眼布
mesh

在服裝領域是指用網眼織法織成的布料和網眼本身。主要是用線編織出多角形的孔洞製成。孔洞較粗的布較透明，看起來和蕾絲相同，也會當成蕾絲的襯底。

網紗蕾絲
tulle lace

用絲質、棉質、化學纖維的線，在六角形和菱形的細網（網紗布料：六角網紗）上加上刺繡製成的蕾絲。材質感覺優雅又輕盈，而且有透明感，因此常使用在面紗和洋裝等衣物上。

巴騰蕾絲
batten lace

緞帶狀的帶子（織帶）沿著紙樣縫合，空隙用線勾縫製作而成的蕾絲。巴騰蕾絲是**巴騰堡蕾絲**（**battenberg lace**）的簡稱，又名**織帶蕾絲**。日本有名的產地是新潟縣上越市高田地區。

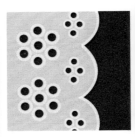

孔眼蕾絲
eyelet lace

在布料上打出小洞，邊緣滾邊、捲邊縫的刺繡技法。eyelet是指小洞和企眼扣。雖然是指刺繡的技法，完成的東西如果近似蕾絲就稱為孔眼蕾絲。

鉤針編織蕾絲
crochet lace

指使用鉤針將線編織而
成的蕾絲。

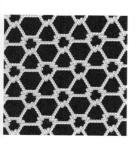

繩結編織蕾絲
macrame lace

使用線和繩子打結連接
構成圖案的蕾絲。也稱
為**繩結蕾絲**。在桌巾和
皮帶上很常見。

帽子：貝雷帽 (p.113)
上衣：立領 (p.18)／蓬袖 (p.29)／
　　　胸前裝飾 (p.138)
褲子：牛津寬褲 (p.63)
包包：香奈兒包 (p.126)
鞋子：穆勒鞋 (p.104)

上衣：西裝外套 (p.81)
褲子：三分褲 (p.67)
鞋子：尖頭 (p.108)

插圖繪製：チヤキ

大地色
earth color

指以土壤的顏色、樹幹的顏色為主體，以茶色系為中心的大自然色，代表性的顏色是米色和卡其色等，1970年代後半開始受到注目。

酸色
acid color

指讓人聯想到柑橘和檸檬等未成熟水果、酸味強食物的色調。主要指以黃綠色系柑橘類上可以看到的顏色，acid是酸的意思。

原色
ecru

原色是法文中意指未加工的詞語「ecru」轉用而來的詞語，指未漂白的原本顏色，或是指未漂白的麻的顏色，是有著微黃色調的白和淡茶色，或較淡的米色等。

中性色
neutral color

指沒有彩度的無彩色，指白、黑、灰色。除此之外，彩度很低的米色和象牙色等稱為近中性色。中性色不容易受到潮流影響，有時候也會一起使用。

粉彩色
pale color

明度較高、彩度較低，淡而清澈的色調。pale是淡的意思。

沙色
sand color

讓人聯想到沙子，是明度較高、彩度較低的色調，日文寫作砂色。以微妙差異區別顏色，如石灰色(stone grey)、沙米色(sand beige)。

單色調
mono tone

是由改變單一色彩濃淡(明暗)的複數顏色所構成，是白色、灰色和黑色等彩度低的組合，以同色調的藍色、淺藍色和白色等構成的組合也是單色調配色，給人都會的感覺。

紅藍白三色
tricolore

由強弱不同的三種顏色構成的配色，法國國旗的通稱。此外，花紋和圖案使用藍色(自由)、白色(平等)、紅色(博愛)這個代表性配色，稱為**三色配色**，有時也單稱為**三色**。

雙色
bi-color

指使用 2 色來做配色，英文又名 **two tone color**。多半不是指小圖案中的兩種顏色，而是指使用面積廣大，大幅改變色調和明度的雙色配色。

同色調
tone-on-tone

同樣色相、明度不同的配色。雖然配色會有變得普通的傾向，但是看起來會很沉穩。

異色調
tone-in-tone

色調類似、色相不同的配色。雖然是不同的色相，但因為明暗相同，所以不太會有不協調的感覺。

色調主導
dominant tone

色調相同、色相不同的配色。因為色相不同，給人熱鬧感，色調給人的印象容易傳達出去。

色彩主導
dominant color

色相類似、色調不同的配色，具有整體感，可以將顏色所具有的印象強烈地傳達給他人。

基調
tonal

以濁色系色調為中心，使用中間色的配色，給人樸素而沉穩的印象。

單色調
camaieu

色相和色調都很相近的顏色組合而成的配色，在整體感中可以感受到變化。

類單色調
faux camaieu

配色稍微改變色相的配色。因為具有整體感，所以即使色相不同也不太會有不協調的感覺。

※淺茶色的文字是內文中的別稱或細項。

監修者介紹

福地宏子 Hiroko Fukuchi

杉野服飾大學講師。
2002年自杉野女子大學(現杉野服飾大學)服裝構成設計課程畢業。同年4月，開始於時尚畫研究室擔任助理。也擔任杉野學園服裝製作學院和其他學校的兼任講師。此外，也擔任書籍的造型設計繪製、開設工作坊等。

數井靖子 Nobuko Kazui

杉野服飾大學講師。
2005年自杉野女子大學(現杉野服飾大學)藝術纖維設計課程畢業。同年4月，開始於時尚畫研究室擔任助理。也擔任杉野服飾大學短期大學部、高中部的講師。

Profile

溝口康彥

設計系文章寫作、網站製作和程式寫作等等，目標是成為沒有特殊專業但是「在各式各樣的領域都有70分」的自由人士。
經營時尚搜尋網站「莫達莉娜」的股份有限公司FishTail負責人。

「莫達莉娜」
意指時尚的西班牙語moda加上像是女子的語尾lina的新創詞語，股份有限公司FishTail的註冊商標。
https://www.modalina.jp/

愛生活113

服裝服飾部位全圖鑑
新版モダリーナのファッションパーツ図鑑

總編輯　林少屏
出版發行　邦聯文化事業有限公司　睿其書房
地址　　　台北市中正區泉州街55號2樓
電話　　　02-23097610
傳真　　　02-23326531
電郵　　　united.culture@msa.hinet.net
網站　　　www.ucbook.com.tw
郵政劃撥　19054289邦聯文化事業有限公司
製版印刷　彩峰造藝印像股份有限公司
發行日　　2021年09月初版
港澳總經銷　泛華發行代理有限公司
　　　　　　電話：852-27982220
　　　　　　傳真：852-31813973
　　　　　　E-mail：gccd@singtaonewscorp.com

國家圖書館出版品預行編目資料

服裝服飾部位全圖鑑 / 溝口康彥著；洪禎韓譯. 一初版.
一臺北市：睿其書房出版：
邦聯文化發行,2021.08
176面；17×23公分.—(愛生活；113)
譯自：新版モダリーナのファッションパーツ図鑑

ISBN 978-986-5520-51-9(精裝)

1.服裝設計　2.服飾　3.女裝

423.2　　　　　　　　　　　110009320

staff

作者 ■ 溝口康彥
譯者 ■ 洪禎韓
主編 ■ 胡玉梅
潤稿 ■ 艾瑪
校對 ■ Teresa
排版完稿 ■ 華漢電腦排版有限公司

日文版工作人員

■ 插畫繪製(封面、P.4、5、33、75、167)
　チャキ　https://chakichaki.net/
■ 封面設計
　ヨーヨーラランデーズ
　http://www.yoyo-rarandays.net/
■ 企劃、編輯
　角倉一枝(マール社)

"SHINPAN MODALINA NO FASHION PARTS ZUKAN"
written by Yasuhiko Mizoguchi, supervised by Hiroko
Fukuchi & Nobuko Kazui
Copyright © FishTail., Inc., 2019
All rights reserved.
Original Japanese edition published by MAAR-SHA
Publishing Co., Ltd.
This Traditional Chinese edition is published by
arrangement with MAAR-SHA Publishing Co., Ltd., Tokyo
in care of Tuttle-Mori Agency, Inc., Tokyo through Future
View Technology Ltd., Taipei.